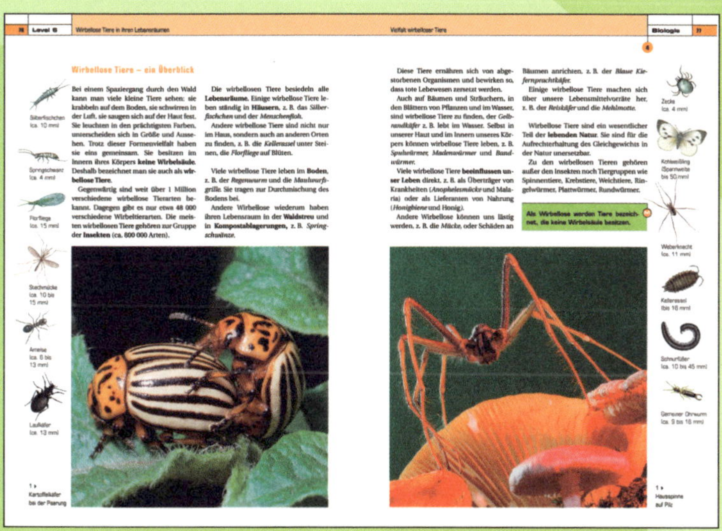

Inhaltsseiten
Diese Seiten vermitteln dir – unterstützt durch **Merksätze,** Tabellen und Übersichten – biologisches Grundlagenwissen über wichtige Begriffe, Gesetze, Erscheinungen und Zusammenhänge.

Ergänzendes und Vertiefendes bietet zusätzliche Informationen.

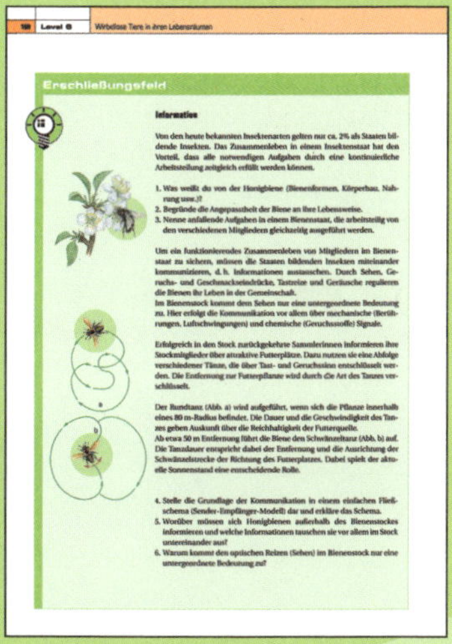

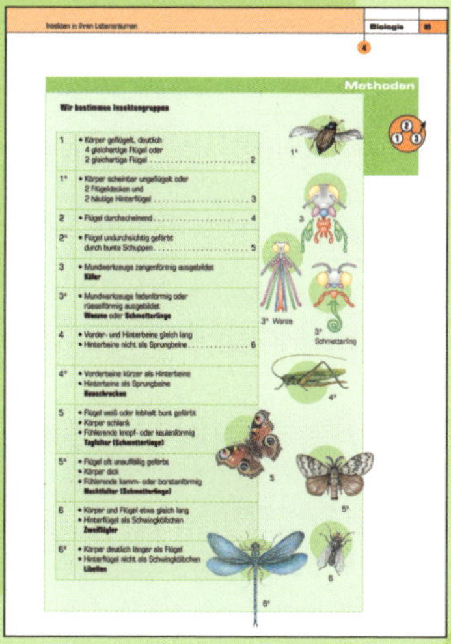

Erschließungsfeld
Diese Seiten helfen dir, allgemein gültige Zusammenhänge (z. B. Information) in der Biologie zu erkennen und sie – unterstützt durch Aufgaben – auf neue Erscheinungen anzuwenden.

Methoden
Für die Biologie charakteristische Denk- und Arbeitsmethoden zeigen dir, wie du bei bestimmten Tätigkeiten schrittweise vorgehen kannst z. B. beim Erklären, Beobachten, Beschreiben, Vergleichen, Experimentieren, Protokollieren und Bestimmen.

Projekte und fächerverbindendes Thema
Diese Seiten sollen dich zum selbstständigen Bearbeiten ausgewählter Themen anregen, die eine Verbindung zwischen verschiedenen Fächern herstellen.

Level» Biologie

6

Lehrbuch für die Klasse 6
Gymnasium Sachsen

DUDEN PAETEC Schulbuchverlag

Berlin · Frankfurt a. M.

Herausgeber
Dr. Axel Goldberg
Dr. Edeltraud Kemnitz

Autoren
Ralf Ballmann
Dr. Axel Goldberg
Dr. Dieter Herold
Prof. Dr. habil. Frank Horn
Dr. Edeltraud Kemnitz
Irene Manig
Dr. habil. Christa Pews-Hocke
Dr. Helmut Schneider
Peter Scholvien
Birgit Weidemann
Prof. Dr. habil. Erwin Zabel

Berater
Ralf Ballmann, Werdau

Dieses Werk enthält Vorschläge und Anleitungen für **Untersuchungen** und **Experimente.**
Vor jedem Experiment sind mögliche Gefahrenquellen zu besprechen. Die Gefahrstoffe sind durch die entsprechenden Symbole gekennzeichnet.
Experimente werden nur nach Anweisung des Lehrers durchgeführt. Solche mit Gefahrstoffen dürfen nur unter Aufsicht durchgeführt werden.
Beim Experimentieren sind die Richtlinien zur Sicherheit im naturwissenschaftlichen Unterricht einzuhalten.

1. Auflage
1 6 5 4 3 | 2012 2011 2010 2009 2008
Alle Drucke dieser Auflage können im Unterricht nebeneinander benutzt werden.
Die letzte Zahl bezeichnet das Jahr dieses Druckes.

Internet www.duden-paetec.de

Redaktion Dr. Edeltraud Kemnitz
Gestaltungskonzept und Umschlag Simone Hoschack
Layout Simone Hoschack
Zeichnungen Christiane Gottschlich, Martha-Luise Gubig, Christiane Mitzkus, Sybille Storch
Walther-Maria Scheid
Druck und Bindung DZA Druckerei zu Altenburg GmbH, Altenburg

ISBN 978-3-89818-456-4

Inhaltsverzeichnis

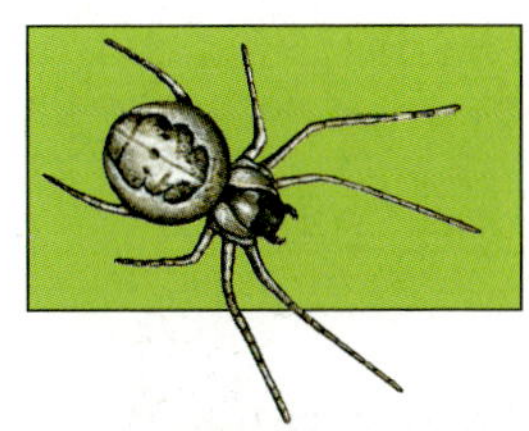

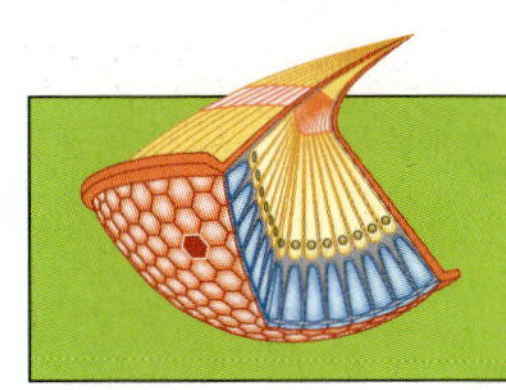

1 Samenpflanzen

Pflanzenfamilien

270 Millionen Jahre » Die ersten Samenpflanzen sind schon vor sehr langer Zeit, vor über 270 Millionen Jahren, entstanden. Wichtig für den Menschen sind sie vor allem deshalb, weil die meisten unserer Nutzpflanzen zu den Samenpflanzen gehören.

Ordnung von Pflanzen » Es gibt ca. 235 000 verschiedene Arten von Samenpflanzen. Um diese Vielfalt übersichtlich zu gestalten, hat man sie aufgrund von Merkmalen (Stängel, Blattform, Blütenform) in Pflanzenfamilien geordnet.

Artenreichtum » Zu den Pflanzenfamilien mit sehr vielen Arten gehören z. B. die Korbblütengewächse mit ca. 21 000 Arten oder die Orchideen mit ca. 18 500 Arten.
Zu den Lippenblütengewächsen gehören etwa 3 500 und zu den Schmetterlingsblütengewächsen etwa 10 000 Arten.

Familie der Lippenblütengewächse

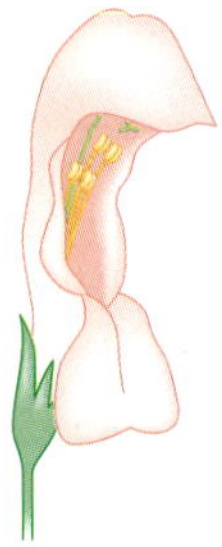
Lippenblüte

vierteiliger Fruchtknoten

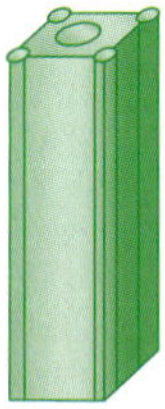
vierkantige Sprossachse

gekreuzt-gegenständig angeordnete Laubblätter

Wenn man eine *Rapspflanze* mit einer *Weißen Taubnessel* vergleicht, findet man Gemeinsamkeiten, aber auch Unterschiede.

Beide Pflanzen sind in **Wurzel** und **Spross** mit Sprossachse, Laubblätter und Blüten gegliedert. Beide Pflanzen bilden im Verlauf ihres Lebens Früchte und Samen aus. Deshalb gehören beide Pflanzen auch zu den **Samenpflanzen.**

Betrachtet man nun die einzelnen Organe beider Pflanzen genauer, fallen die Unterschiede deutlich auf. Blüten, Laubblätter und Sprossachse sind unterschiedlich gestaltet. Deshalb gehören sie verschiedenen **Pflanzenfamilien** an. Der *Raps* gehört zu den Kreuzblütengewächsen, die *Weiße Taubnessel* dagegen zu den Lippenblütengewächsen.

Zur Familie der **Lippenblütengewächse** gehören noch etwa 3 500 andere Pflanzenarten, z. B. *Gemeiner Thymian, Wiesen-Salbei, Wald-Ziest, Goldnessel.*

Obwohl sie sich z. B. in der Farbe der Blüten oder in der Größe unterscheiden, stimmen sie in wesentlichen Merkmalen überein. Die **Blüten** sitzen an den Blattachseln als ähren- oder traubenförmige Blütenstände. Jede Blüte besitzt

- 5 Kronblätter. Davon bilden 2 Kronblätter die Oberlippe und 3 die Unterlippe. Im unteren Teil sind die 5 Kronblätter zu einer Röhre verwachsen.
- Unterhalb der Oberlippe befinden sich 4 Staubblätter, meist 2 längere und 2 kürzere, sowie 2 Fruchtblätter mit Narbe, Griffel und oberständigem Fruchtknoten. Das Fruchtblatt ist der weibliche Teil der Blüte. Der Fruchtknoten ist viergeteilt. Aus ihm bilden sich später vier Teilfrüchte.
- Die Früchte zerfallen in 4 Teilfrüchte mit je einem Samen.
- Die Kelchblätter sind auch miteinander verwachsen. Ihre Spitzen werden als Zähnchen bezeichnet.

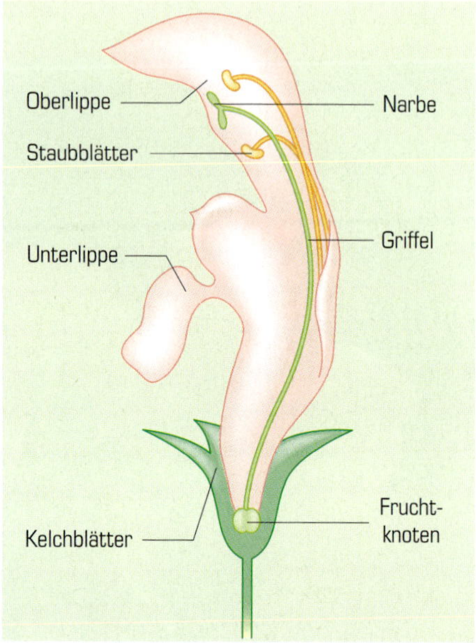

1 ▸ Bau der Lippenblüte (Längsschnitt)

Aufgrund des Baus der Kronblätter werden die Blüten als Lippenblüten bezeichnet. Pflanzen mit solchen Lippenblüten werden in die Gruppe der **Lippenblütengewächse** eingeordnet.

Auch an der Stellung der **Laubblätter** kann man erkennen, ob eine Pflanze zu den Lippenblütengewächsen gehört. Die Laubblätter stehen an der Sprossachse gekreuzt gegenüber. Das kann man gut erkennen, wenn man von oben auf die Pflanze schaut. Die **Sprossachse** ist meist deutlich vierkantig.

Die **Bestäubung** erfolgt hauptsächlich durch Insekten. Wenn sich die Insekten auf der Blüte niederlassen, lösen sie durch ihr Körpergewicht einen Hebelmechanismus aus. Dieser drückt die Staubblätter herunter, was zur Folge hat, dass der Blütenstaub am Körper der Insekten abgestreift wird. Fliegt das Insekt zur nächsten Blüte, trägt es den Blütenstaub dorthin (s. S. 22), wo er auf die Narbe übertragen wird.

1

Bedeutung der Lippenblütengewächse

Die Lippenblütengewächse riechen sehr aromatisch. Das kommt daher, weil ätherische Öle in ihnen enthalten sind. Der Mensch nutzt sie daher als Gewürz-, Heil- und Duftpflanzen.

Als **Gewürzpflanzen** dienen dem Menschen u. a. *Basilikum, Bohnenkraut, Majoran, Rosmarin, Thymian, Salbei, Minze und Zitronenmelisse.*

Mit Teilen dieser Pflanzen (vorwiegend Blätter) werden Fleisch, Fisch oder andere Gerichte gewürzt. Die Verwendung der Gewürze ist dabei regional abhängig. In Italien beispielsweise würzt man viel mehr Gerichte mit *Rosmarin* als bei uns (Abb. 1).

Oft haben diese Pflanzen auch eine bestimmte **Heilwirkung.** Beispielsweise wirkt *Basilikum* appetitanregend, wassertreibend und krampflösend.

Tee aus *Pfefferminze* beruhigt einen nervösen Magen, Thymiantee mit Honig hilft gegen Husten und ist schleimlösend. Auch bei Zahnfleischentzündungen hilft *Thymian.*

Heilsalbei wirkt u. a. bakterien- und entzündungshemmend. Deshalb wird er z. B. bei Halsentzündungen als Gurgelmittel eingesetzt. Aber aufgrund der Wirkstoffe darf man *Heilsalbei* in hoher Dosis nicht über einen längeren Zeitraum einnehmen.

Die Öle, die in vielen Lippenblütengewächsen enthalten sind, werden außerdem auch in der **Kosmetikindustrie** verwendet. Sie sind Bestandteil in Badezusätzen und in Parfüms.

Mit *Lavendelblüten* werden kleine Kissen gefüllt und als Duftkissen verwendet. Der Geruch hält z. B. Motten im Kleiderschrank fern. *Rosmarin* ist z. B. heute noch Bestandteil des Kölnischwassers.

Wörtlich übersetzt heißt Melissa eigentlich Biene. Die Bezeichnung weist auf den hohen Anteil von Nektar hin. Und weil die Pflanze stark nach Zitrone duftet, erhielt sie auch den Namen Zitronenmelisse. Die Blätter enthalten ca. 0,1 % an ätherischen Ölen.

1 ▸ Rosmarin – früher als Heilpflanze begehrt, heute wird ihr Öl genutzt.

Methoden

Wie bestimme ich eine Pflanze?

Bei einem Spaziergang findest du eine schöne Pflanze. Du möchtest gern wissen, wie sie heißt und zu welcher Pflanzenfamilie sie gehört. Deshalb musst du die Pflanze bestimmen.

Bestimmen ist ein Verfahren, um den Namen einer unbekannten Pflanze zu ermitteln und einer systematischen Gruppe (z. B. einer Familie) zuzuordnen.

Es gibt mehrere Möglichkeiten, den Namen herauszufinden:

1. Du vergleichst eine dir unbekannte Pflanze mit vorhandenen Abbildungen.
   Dabei kommt es aber leicht zu Irrtümern, da sich manche Pflanzen sehr ähneln und doch zu einer anderen Gruppe gehören.
2. Du bestimmst die Pflanze mithilfe eines **Bestimmungsschlüssels**. Das ist ein viel sicherer Weg.
   In der Regel ist in einem Bestimmungsschlüssel immer ein gegensätzliches Merkmalspaar angegeben. Die dir unbekannte Pflanze wird mit dem Merkmalspaar verglichen.

Dann entscheidet man, welches der beiden Merkmale (1 oder 1*) zutrifft.
So geht man Schritt für Schritt weiter, bis man bei dem Namen der Pflanze angelangt ist und damit auch weiß, zu welcher systematischen Gruppe (z. B. Familie) sie gehört.

Wie ein solcher Bestimmungsschlüssel aufgebaut ist, zeigt die folgende Übersicht am Beispiel der Gruppe der „Taubnesseln“ (Übersicht unten).

Diese bildhafte Form benötigt viel Platz. Sie kann deshalb in eine **Tabelle** umgeschrieben werden (s. S.11).
Zu dem Zweck erhält jedes Merkmal des Merkmalspaares eine Ziffer – das jeweils gegensätzliche Merkmal zusätzlich zur Ziffer einen Stern (z. B. 1*). Am Ende der Zeile erscheint eine Ziffer (z. B. 2; 3). Die Ziffer führt dich zu dem Merkmalspaar, bei dem du die Bestimmung fortsetzen musst.
Nun eine Tabelle zu schreiben, ist ganz einfach (s. S. 11).

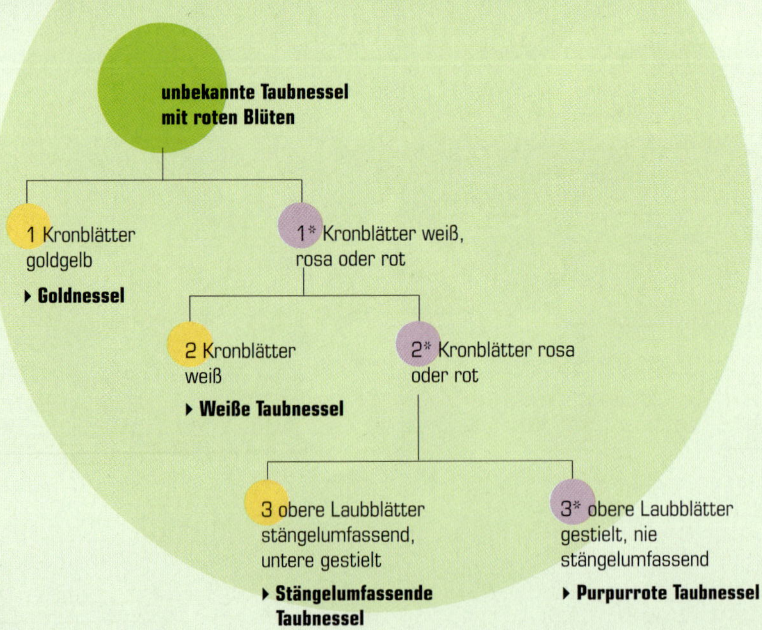

1

Bestimmung der unbekannten Taubnessel nach Bestimmungstabelle

entweder 1	• Kronblätter gelb, Unterlippe mit rötlichen Flächen **Goldnessel**
oder 1*	• Kronblätter weiß, rot oder rosa 2
entweder 2	• Kronblätter weiß **Weiße Taubnessel**
oder 2*	• Kronblätter rot oder rosa. 3
entweder 3	• Kronröhre aufwärts gebogen **Gefleckte Taubnessel**
oder 3*	• Kronröhre gerade 4
entweder 4	• Obere Blätter stängelumfassend, untere Blätter gestielt und tief gekerbt **Stängelumfassende Taubnessel**
oder 4*	• Obere Blätter gestielt oder fest sitzend, nie stängelumfassend 5
entweder 5	• Obere Blätter eiförmig bis dreieckig, untere Blätter rundlich, unregelmäßig gekerbt • Blattstiel der oberen Blätter nur wenig verbreitert **Purpurrote Taubnessel**
oder 5*	• Obere Blätter tief eingeschnitten • Blattstiel der obersten Blätter stark verbreitert **Eingeschnittene Taubnessel**

Wenn man z. B. die *Purpurrote Taubnessel* (als unbekannte *Taubnessel*) in der Hand hat, führt der Weg in dieser Bestimmungstabelle zum Namen über 1* zu 2*, von 2* zu 3*, von 3* zu 4*, von 4* zu 5. Damit ist das Ziel erreicht.
Von diesem Beispiel ausgehend können wir nun einige andere Lippenblütengewächse bestimmen.

Methoden

Wir bestimmen einige Lippenblütengewächse

1	• Krone scheinbar einlippig, Unterlippe mit 3 Lappen 2
1*	• Krone deutlich zweilippig (Ober- und Unterlippe) 3
2	• Pflanze mit Ausläufern • Stängel und Blätter fast kahl oder kurzhaarig **Kriech-Günsel**
2*	• Pflanze ohne Ausläufer • Stängel und Blätter dicht behaart **Heide-Günsel**
3	• Blüten mit 2 Staubblättern. 4
3*	• Blüten mit 4 Staubblättern (2 längere, 2 kürzere). . .5
4	• Stängel am Grunde holzig • Blätter lanzettlich, schwach gekerbt, stängelständig • Blüten hellviolett **Echter Salbei**
4*	• Stängel am Grunde krautig • Blätter eiförmig zugespitzt, größtenteils grundständig • Blüten dunkelblau **Wiesen-Salbei**
5	• Oberlippe der Blütenkrone flach 6
5*	• Oberlippe der Blütenkrone helmartig gewölbt 7

2

2*

4

4*

Wir bestimmen einige Lippenblütengewächse

6	• Staubblätter unter der Oberlippe herausragend • Kelch deutlich zweilippig • Blätter elliptisch bis rundlich, kleiner als 1 cm • Blüten hell- bis purpurrot, selten weiß **Thymian**
6*	• Staubblätter nicht unter der Oberlippe herausragend • Kelchblätter gleichmäßig, fünfzähnig • Blätter nierenförmig, gekerbt, größer als 1 cm • Blüten blauviolett **Gundermann**
7	• Kelch zweilippig, oberer Kelchteil mit 3 Zähnen, unterer Kelchteil mit 2 Zähnen • Blüten klein, blauviolett oder rötlich **Braunelle**
7*	• Kelch gleichmäßig fünfzähnig (strahlig) • Blüten größer als 1 cm
8	• Seitenzipfel der Unterlippe der Krone spitz, klein oder fehlend • Unterlippe der Krone ohne Höcker **Taubnessel**
8*	• Seitenzipfel der Unterlippe der Krone stumpf und breit • Unterlippe der Krone mit 2 Höckern **Hohlzahn**

6

6*

7

8

8*

Familie der Schmetterlingsblütengewächse

Vergleicht man die Blüte einer *Taubnessel* z. B. mit der Blüte von der *Garten-Erbse*, fallen sofort große Unterschiede auf. Die Blüte der *Garten-Erbse* hat u. a. verschieden gestaltete Kronblätter, die in ihrer Gesamtheit einem Schmetterling ähneln. Deshalb werden Samenpflanzen, die dieses und weitere gemeinsame Merkmale aufweisen, **Schmetterlingsblütengewächse** genannt.

Pflanzen dieser Familie besitzen eine Reihe von charakteristischen Merkmalen (Abb. 1):

- Es sind 5 Kelchblätter vorhanden.
- Die 5 Kronblätter sind unterschiedlich gestaltet: 1 Fahne, 2 Flügel, 2 zu einem Schiffchen verwachsene Kronblätter („Schmetterlingsblüte").
- Das Schiffchen umschließt 10 Staubblätter; 9 davon sind meist ähnlich einer Röhre verwachsen, das zehnte Staubblatt liegt oben frei.
- Das Fruchtblatt mit einem länglichen Fruchtknoten liegt in der Röhre.
- Die Früchte sind **Hülsen**, die vielgestaltig sein können. Sie haben keine Mittelwand.
- Die Laubblätter sind wechselständig und meist zusammengesetzt, z. B. gefiedert, gefingert, dreizählig (s. Abb. 2).

Gelbe Lupine

2 ▸ Lupinen besitzen gefingerte Laubblätter.

- Die Blüten sind meist als Trauben oder Köpfchen angeordnet.

Zu den ca. 10 000 verschiedenen Arten von Schmetterlingsblütengewächsen gehören vor allem Kräuter, aber auch Sträucher *(z. B. Gelber Besenginster)* und Bäume *(z. B. Weiße Robinie)*.

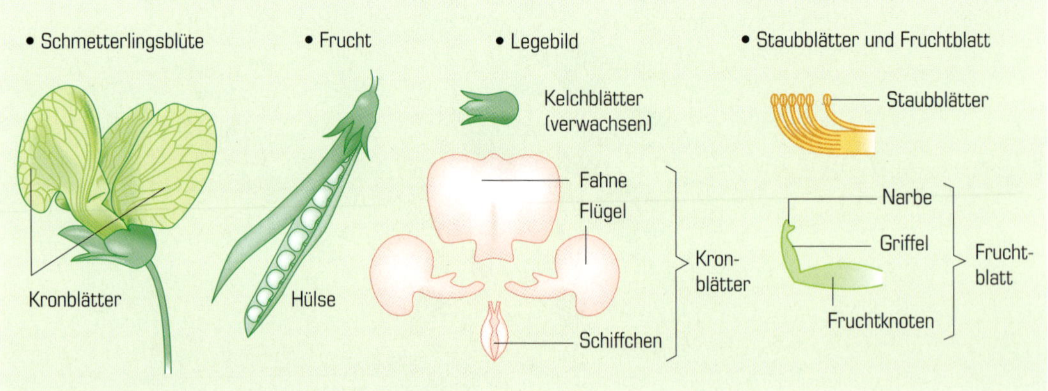

1 ▸ Merkmale der Blüten von Schmetterlingsblütengewächse

Bedeutung der Schmetterlingsblütengewächse

Viele Arten der Schmetterlingsblütengewächse nutzt der Mensch. Die *Garten-Erbse* beispielsweise ist seit Jahrtausenden eine wichtige **Nutzpflanze.** Sie wird wegen des Gehaltes an Stärke und vor allem an Eiweiß in den Samen angebaut. Als rohes oder gekochtes Gemüse ist sie weltweit vom Speisezettel nicht mehr wegzudenken. Ähnlich verhält es sich mit der *Garten-Bohne* (Abb. 2). Die Samen enthalten ebenfalls viel Eiweiß und werden seit 8000 Jahren für die menschliche Ernährung genutzt.

Auch die *Erdnuss* (Abb. 4) gehört in diese Pflanzenfamilie. Sie wurde schon vor 3 000 Jahren in Brasilien kultiviert. Heute wird sie weltweit in warmen Gebieten angebaut. Die Samen enthalten sehr viel Eiweiß, Öl und außerdem noch Magnesium.

Die *Sojabohne* wird in China zur menschlichen Ernährung schon seit fast 5000 Jahren genutzt. Erst vor ca. 300 Jahren wurde sie wegen ihres hohen Öl- und Eiweißgehaltes auch auf anderen Kontinenten angebaut. Entweder werden die grünen Hülsenfrüchte direkt gegessen oder daraus werden Eiweißprodukte wie z. B. Tofu und Sojasauce hergestellt.

Als **Futterpflanze** für die Tiere werden z. B. *Luzerne* (Abb. 3), verschiedene Kleearten, beispielsweise *Rot-Klee* und *Weiß-klee* und *Serradella* angebaut. Einige Arten werden aber auch nur angepflanzt, um sie später unterzupflügen. Auf diese Weise wird der Boden gedüngt (Gründünger).

Weil die Blüten vieler Schmetterlingsblütengewächse schön und farbenprächtig anzusehen sind, werden die Pflanzen als **Zierpflanzen** genutzt. An Häuserwänden leuchten im Juni z. B. die blauen Blütentrauben des *Blauregens* (Abb. 1) und in Gärten die gelben des *Goldregens.* Die Früchte des *Goldregens* sind sehr **giftig.** Deshalb nie in den Mund nehmen oder gar essen!

100 g Erdnüsse enthalten 180 mg Magnesium. Damit zählen Erdnüsse zu den magnesiumreichsten Nahrungsmitteln. Magnesium benötigt man z.B. bei hoher körperlicher Belastung (Sport) oder Stress-Situationen.

1 ▸ Blauregen – Zierpflanze

3 ▸ Luzerne – Futterpflanze

2 ▸ Garten-Bohne – Gemüsepflanze

4 ▸ Erdnuss – Ölpflanze

Methoden

Wir bestimmen einige Schmetterlingsblütengewächse

1	• Holzgewächse: Baum oder Strauch 2
1*	• Krautige Pflanze 4
2	• Baum **Weiße Robinie** oder **Falsche Akazie** **Giftig!** Blätter gefiedert, oft Dornen, Blüten weiß, in hängenden Trauben und duftend
2*	• Strauch 3
3	• Obere Blätter klein, einfach, untere 3-zählig • Blüten gelb, einzeln oder zu 2 an den Zweigen **Gelber Besenginster (Besenginster)** Strauch mit langen, aufrecht wachsenden Zweigen, Zweige grün, kantig
3*	• Blätter gefiedert • Blüten gelb, zu 1 bis 3 in den Blattachseln **Gemeiner Erbsenstrauch**
4	• Blätter gefingert 5
4*	• Blätter gefingert 3-zählig oder gefiedert 6
5	• Blüten violett, selten weiß, • Blätter 10- bis 15-zählig gefingert **Vielblättrige Lupine**
5*	• Blüten gelb • Blätter 5- bis 9-zählig gefingert **Gelbe Lupine**
6	• Blätter gefiedert 7
6*	• Blätter 3-zählig. 11
7	• Blätter paarig gefiedert 8
7*	• Blätter unpaarig gefiedert 9
8	• Nebenblätter am Blattgrund meist größer als die Fiederblättchen des Blattes • Blüten weiß **Garten-Erbse**

2

3

3*

5

5

5* 5*

8

1

Wir bestimmen einige Schmetterlingsblütengewächse

8*	• Nebenblätter am Blattgrund kleiner als die Fiederblättchen des Blattes • Blüten gelb, rot oder rötlich, selten weiß **Platterbse**
9	• Endblättchen des Blattes größer als die anderen Fiederblättchen • Blüten goldgelb, selten rötlich, in Köpfchen • Blütenköpfe von fingerförmigen Deckblättern umgeben **Gemeiner Wundklee**
9*	• Endblättchen des Blattes so groß wie die anderen Fiederblättchen 10
10	• Blüten gelb, außen rötlich, in Blattachseln • Hülsen walzenförmig, ungegliedert • unteres Fiederblättchenpaar dicht am Stängel **Hornklee**
10*	• Blüten rosa • Hülsen walzenförmig, gegliedert • unteres Fiederblättchenpaar nicht dicht am Stängel **Serradella**
11	• Blüten in Köpfchen, Kronblätter der Blüten gelb, rot oder weiß **Klee**
11*	• Blüten in Trauben 12
12	• Blüten in langen, schmalen und lockeren Trauben • Kronblätter der Blüten weiß oder gelb • Frucht eiförmig **Steinklee**
12*	• Blüten in kurzen Trauben • Kronblätter der Blüten gelb, blau oder violett • Frucht nieren-, sichel- oder schneckenförmig **Luzerne** oder **Schneckenklee**

8*

9

10

10* 10*

11

11

12 12

12*

Andere Familien der Samenpflanzen

Wer aufmerksam Samenpflanzen beobachtet, stellt fest, dass es außer den Kreuzblütengewächsen, den Lippenblütengewächsen und den Schmetterlingsblütengewächsen noch zahlreiche andere Familien der Samenpflanzen gibt, in Deutschland allein etwa 130. Einige Beispiele sind:

Kieferngewächse

getrennte weibliche und männliche Blüten, weibliche Blüten oft in verholzten Zapfen, Blätter nadelförmig, meist Bäume;
Kiefern (Abb.), Lärchen, Fichten, Tannen

Hahnenfußgewächse

männliche und weibliche Teile in einer Blüte, Blütenhülle einfach oder in Kelch- und Kronblätter gegliedert, viele Staubbeutel, meist auch viele Fruchtblätter, Blätter meist geteilt;
Rittersporn, Windröschen, Leberblümchen (Abb.).

Rosengewächse

männliche und weibliche Teile in einer Blüte, meist 5 frei stehende Kelchblätter und 5 Kronblätter, oft viele Staubblätter, 1 oder viele Fruchtblätter, Früchte, z. B. Nüsse, Steinfrüchte; Rose, Erdbeere, Schlehe, Birne, Apfel (Abb.)

Süßgräser

Blüten klein und unscheinbar, in Ähren oder Rispen, Früchte: Nüsse (Körner);
Roggen, Weizen, Hafer, Gerste (Abb.), Mais, Quecke, Knäuel-Gras, Zittergras, Schilf

Korbblütengewächse

Einzelblüten (Zungen- und Röhrenblüten) in Körben (täuschen oft eine Einzelblüte vor);
Huflattich, Gänseblümchen (Abb.), Aster, Schafgarbe, Distel, Kamille, Löwenzahn

Samenpflanzen brauchen unseren Schutz

Samenpflanzen können wie andere Lebewesen nur dann existieren, wenn bestimmte **Lebensbedingungen** gegeben sind. Dazu gehören u. a. sauberes Wasser, schadstoffarme Luft, geeignete Bodenverhältnisse.

Diese Lebensbedingungen werden häufig durch den Menschen so verändert, dass **Gefahren** für viele Samenpflanzen entstehen.

Gefahren bewirken Baumaßnahmen, Abgase, (z. B. von Autos), Einleiten ungereinigter Abwässer in Seen und Flüsse.

Als Folge sind in Sachsen viele Samenpflanzen vom Aussterben bedroht oder gefährdet. Einige Arten sind bereits ausgestorben (Abb. 1–3).

Um die Vielfalt an Samenpflanzen zu erhalten, ist es daher notwendig, alles zu ihrem Schutz zu tun, vor allem:

- sollten nicht Lebensräume unüberlegt durch Baumaßnahmen (z. B. Straßenbau) zerstört werden;
- alle Abwässer gereinigt werden, bevor sie in Gewässer gelangen;
- Feuchtgebiete nicht entwässert werden;
- der Schilfgürtel von Gewässern nicht durch Boote beeinträchtigt werden.

Jeder kann z. B. durch sorgsamen Umgang mit Schadstoffen (z. B. sparsamer Umgang mit Haushaltschemikalien) dazu beitragen, dass wir uns auch in Zukunft an der Formen- und Farbenpracht der Samenpflanzen erfreuen können.

1

2

3

In Sachsen gefährdete und vom Aussterben bedrohte Samenpflanzen

1 ▸ Herbst-Zeitlose (stark gefährdet)

2 ▸ Sommer-Adonisröschen (vom Aussterben bedroht)

3 ▸ Stattliches Knabenkraut (vom Aussterben bedroht)

Methoden

Wie lege ich ein Herbarium an?

Ein **Herbarium** ist eine Sammlung getrockneter und gepresster Pflanzen oder Pflanzenteile. Man legt es an, um sie längere Zeit aufzubewahren und sie näher kennen zu lernen, z. B. wie sie gebaut sind, aus welchem Land sie stammen oder auf welchem Boden sie wachsen. Beim Anlegen eines Herbariums geht man folgendermaßen vor:

Schritt 1

Pflanzen bestimmen und sammeln

Beim Sammeln der Pflanzen musst du die Regeln des Natur- und Umweltschutzes beachten. Bevor du eine Pflanze abschneidest, solltest du sie bestimmen. Nur so bist du ganz sicher, dass sie nicht geschützt ist.
Außerdem sind die Pflanzen noch frisch, alle Farben sind natürlich und man kann alle Teile gut erkennen. Zum Bestimmen nutzt man Bestimmungsbücher.

Pflanzenpresse

Wenn du die Pflanze bestimmt hast, wird sie knapp über dem Boden abgeschnitten oder mit der Wurzel zusammen entnommen. Du musst darauf achten, dass alle Teile der Pflanze (Stängel, Laubblätter und Blüte) vorhanden sind. Die Pflanze wird vorsichtig in eine feuchte Plastiktüte gesteckt und der Fundort notiert. Die Pflanze wird nach Hause transportiert.

Schritt 2

Vorbereiten und Pressen der Pflanzen

Pflanzen enthalten sehr viel Wasser und müssen zur Aufbewahrung im Herbarium getrocknet und gepresst werden.
Dazu wird jede Pflanze zwischen dünnes saugfähiges Papier (z. B. Seidenpapier) und dann in einen Zeitungsaufschlag gelegt. Die Pflanze musst du so zwischen das Papier legen, dass alle Pflanzenteile gerade und nicht übereinander liegen und dass sie nicht geknickt werden.

Etwa 50 solcher „Lagen" können in einer **Pflanzenpresse** untergebracht werden.
Schau alle 2–3 Tage nach, ob das verwendete Zeitungspapier noch trocken ist.
Besonders in der Anfangszeit tritt nämlich noch viel Feuchtigkeit aus der Pflanze aus und das Papier sollte gegen trockenes Papier ausgetauscht werden.
Die Pflanze ist vollständig trocken, wenn sie sich nicht mehr biegen lässt.

1

dt.: Name:	Gänse-Fingerkraut
lat.: Name.:	Potentilla anserina
Familie:	Rosengewächse
Datum:	01.07.2005
Fundort:	Wegrand in Pirna
Name:	Harry P. Mustermann

Schritt 3

Pflanzen auf Herbarbogen befestigen

Lege die getrocknete Pflanze vorsichtig auf den Herbarbogen (Zeichenpapier oder Zeichenkarton, DIN A4), und befestige sie mit kleinen Klebestreifen. Achte unbedingt darauf, dass wichtige Merkmale nicht verdeckt werden.

Nun beschrifte den Herbarbogen mit der befestigten Pflanze nach obigem Muster auf dem Blatt.

Schritt 4

Aufbewahren

Zum Schluss werden die fertigen Herbarbögen sortiert, z. B. nach Familien. Lege für jede Familie ein Deckblatt mit Inhaltsverzeichnis an und lege die Herbarblätter in einen Ordner.

Zum Schutz gegen Insektenfraß sollte man das Herbarium mit einem handelsüblichen Insektizid (z. B. Flip, Vapona) besprühen. Zum besseren Schutz der Pflanzen können die Herbarbögen zu Hause auch in Klarsichthüllen aufbewahrt werden.

Erschließungsfeld

Angepasstheit – am Beispiel der Bestäubung von Blüten

Die Blüte einer Pflanze dient der Fortpflanzung. Voraussetzung dafür ist eine Bestäubung – die Übertragung des Pollens vom Staubbeutel einer anderen, gleichartigen Blüte auf die Narbe der Pflanze.
Die Bestäubung wird oft von Insekten übernommen, die Nektar und Pollen sammeln. Die Beziehung zwischen Pflanze und Insekt geht dabei oft soweit, dass manche Pflanzen nur von bestimmten Arten bestäubt werden können (Tab.).

Blumentypen	Merkmale	Beispiele
Bienenblumen	prächtig gefärbte Blütenblätter; Nektar am Blütengrund	Wiesen-Salbei Hornklee
Hummelblumen	Blütenblätter gefärbt; Nektar und Duftstoffe vorhanden	Rot-Klee Taubnessel
Fliegenblumen	keine auffällig gefärbten Blütenblätter; oft Aasgeruch	Weißdorn Aronstab
Käferblumen	leicht zugängliche, unscheinbare Blüte; stark fruchtiger Duft	Lilie Hartriegel

1. Nenne mithilfe der obigen Tabelle die Blütenmerkmale, durch die Insekten angelockt werden.
2. Suchen die Insekten die Blüten auf, um diese zu bestäuben? Begründe deine Aussage.

Neben dem eiweißreichen Pollen ist für die Insekten der zuckerreiche Nektar ein wichtiger Nahrungsbestandteil. Beim *Wiesen-Salbei* befindet sich der Nektar tief am Blütengrund.

3. Vervollständige den Lückentext zum Mechanismus der Bestäubung des *Wiesen-Salbeis* durch eine Honigbiene. Nutze dazu die Abb. 1.
   Die Honigbiene landet zunächst auf der ___1___ der Lippenblüte. Dadurch wird eine Platte nach ___2___ gedrückt. Über ein Gelenk beugen sich die ___3___ nach unten. Die Staubbeutel übertragen ___4___ auf den Rücken der Biene. Bei älteren Blüten hängen die Narben bogenförmig nach unten. Wenn die „beladene" Biene eine solche Blüte aufsucht, berührt sie mit ihrem Rücken die ___5___ und überträgt den fremden Pollen. Dadurch wird die Pflanze ___6___ . Pro Sammelflug fliegen die Bienen immer die gleichen Pflanzenarten an (Blütenstetigkeit). Der Nektar wird von der Biene mit der Zunge aufgenommen und zum Bienenstock transportiert.
4. Formuliere eine Zusammenfassung über die Angepasstheit der Blüte des *Wiesen-Salbeis* und der Honigbiene an die Bestäubung.
5. Warum besteht die Gefahr, dass durch den gedankenlosen Einsatz von Insektenbekämpfungsmitteln die Anzahl der Blütenpflanzen abnimmt.

1 ▸ „Schlagbaum"-Mechanismus beim Wiesen-Salbei

1

Kräuter als Gewürze

Was zeichnet Kräuter aus, die in der Küche zum Würzen und damit geschmacklichen Verfeinern von Speisen genutzt werden?
Das wesentlichste Merkmal ist wohl ihr Gehalt an Aromastoffen. Das sind Stoffe, die einen bestimmten Geruch oder Geschmack besitzen. Aber erst eine Mischung aus unterschiedlichen Substanzen macht dann den Geschmack und auch die gesundheitsfördernde Wirkung aus.
Zum Würzen werden verschiedene Pflanzenteile verwendet, manchmal sind es die Wurzeln, Blüten oder Samen, oft aber die Blätter.

Geschichte
Die Verwendung von Kräutern als Gewürze ist wahrscheinlich schon so alt wie das Kochen selbst. Bereits 5 000 v. Chr. nutzten die Sumerer Kümmel, Thymian und Lorbeer. Etwa 2 000 Jahre später wurden in Schriften aus China und Ägypten Kräuter und Gewürze erwähnt.
Im Mittelalter wurden die Klostergärten bedeutungsvoll für den Anbau von Kräutern. Die Benediktinermönche brachten viele Kräuter aus dem Mittelmeerraum über die Alpen. Darunter waren *Minze, Majoran, Thymian* und *Salbei.* Gleichzeitig zog auch das Wissen über die Heilwirkung der Kräuter in die Apotheken ein. Heute sind Kräuter aus den Rezepten unserer Speisen nicht mehr wegzudenken.

1 ▸ Kräutergarten

Anbau und Konservierung
Früher wurden Kräuter nicht gezielt angebaut. Sie wuchsen fast überall und mussten nur gesammelt werden. Heute werden sie z. B. wie Getreide auf großen Feldern angebaut. Viele Menschen haben in ihren Gärten auch Kräuterbeete. Den besten Geschmack entfalten Kräuter, wenn sie frisch geerntet verwendet werden.
Es gibt aber auch verschiedene Methoden, um Kräuter haltbar zu machen. Die älteste und auch einfachste Methode ist das Trocknen. Dazu werden lockere Sträuße gebunden und aufgehängt. Blüten und Blätter trocknen am besten auf einem porösen Untergrund. Man kann frisch geerntete Kräuter auch einfrieren.

Tipp: Salat aus frischen Tomaten, Zwiebel, Knoblauch, Basilikum, Olivenöl und etwas Aceto balsamico; auf geröstetem Brot wird der Salat als Bruschetta serviert.

Kräuter der mediterranen Küche
Die Mittelmeerküche nutzt eine Vielzahl von Kräutern wie *Lavendel, Salbei, Rosmarin, Thymian, Oregano* und vor allem *Basilikum. Basilikum* ist das in Italien am häufigsten verwendete Gewürz. Die Blätter verfeinern Fisch-, Tomaten- und Nudelgerichte, Suppen, Pasten und frischen Salat. Bei einigen Gerichten, z. B. Tomate mit Mozzarella, ist *Basilikum* unverzichtbar.

Basilikum

Pflanzenfamilie:
Lippenblütengewächse
Artname:
Ocimum basilicum
Merkmale:
bis 50 cm hoch, einjährig, Blüte Juli–August
Verwendeter Pflanzenteil:
Blätter (möglichst frisch verwenden),
oft wird das ganze Kraut geerntet und geschnitten
Geruch/Geschmack:
süßlich-pfeffrig, angenehmes Aroma

gewusst · gekonnt

1. Nenne die Merkmale und drei Arten der Lippenblütengewächse.

2. a) Zerlege die Blüte einer Taubnessel. Ordne die Blütenteile auf einer Unterlage entsprechend ihrer Anordnung in der Blüte an. Klebe die Blütenteile auf.
   b) Begründe die Zuordnung der Taubnessel zu ihrer Pflanzenfamilie.

3. Lippenblütengewächse nutzt der Mensch als Heil- und Gewürzpflanzen.
   a) Was versteht man unter den Begriffen?
   b) Stelle in einer Übersicht einige heimische Heil- und Gewürzpflanzen zusammen. Erfasse dabei, welche Teile der Pflanzen verwendet werden.
   c) Erforsche mithilfe von Nachschlagewerken und dem Internet die Geschichte einer Heilpflanze.

4. Besuche einen Gemüse- und Obstmarkt.

   a) Welche Gewürzpflanzen aus der Familie der Lippenblütengewächse bieten die Händler an?
   b) Wie werden die Gewürzpflanzen in der Küche verwendet?
   c) Welche Wirkung haben die Inhaltsstoffe dieser Pflanzen?

5. Beschreibe die Angepasstheit einer Lippenblüte an die Bestäubung durch Insekten.

6. Nenne die Merkmale und drei Arten der Schmetterlingsblütengewächse.

7. Wenn man frische Erbsen essen will, kauft man auf dem Gemüsemarkt Erbsenschoten. In so einer Frucht befinden sich einige Erbsen. Aus wissenschaftlicher Sicht ist der Begriff Schote für die Früchte der Erbse allerdings nicht richtig.
   a) Nenne die wissenschaftlich exakten Namen der Früchte von Kreuzblüten- und Schmetterlingsblütengewächsen.
   b) Vergleiche den Bau beider Früchte.

8. a) Lege ein Herbarium mit je zwei Arten der Kreuzblüten-, der Lippenblüten- und der Schmetterlingsblütengewächse an. Gehe dabei nach der Schrittfolge auf S. 20 vor.
   b) Stelle in Form einer Tabelle Gemeinsamkeiten und Unterschiede der Blüten, Laubblätter und Sprossachse der herbarisierten Arten zusammen.

9. Viele Pflanzenarten sind wie auch Tiere in ihrem Bestand gefährdet.
   a) Nenne Ursachen für die Gefährdung.
   b) Beschreibe Maßnahmen zum Schutz einheimischer Pflanzenarten.

10. Erkundige dich, welche Pflanzenarten in deiner Region zu den gefährdeten gehören. Ermittle, ob dazu auch Arten der Lippenblüten- oder der Schmetterlingsblütengewächse gehören.

11. Man schätzt, dass es etwa 230 000 bedecktsamige Pflanzenarten auf der Erde gibt. Sie werden ca. 450 Pflanzenfamilien zugeordnet. 3 kennst du davon.
   a) Was sind bedecktsamige Pflanzen?
   b) Zerlege die Blüte einer Art aus einer anderen Pflanzenfamilie.
   Ordne die Blütenteile auf einer Unterlage entsprechend ihrer Anordnung in der Blüte an.
   Zeichne ein Blütendiagramm.

Das Wichtigste auf einen Blick

Ordnung in der Vielfalt der Samenpflanzen

Samenpflanzen kommen in großer Anzahl auf der Erde vor und sie sind sehr vielgestaltig. Sie unterscheiden sich z. B. in der Größe und in der Lebenszeit. Die große Anzahl von Samenpflanzen haben Wissenschaftler in Pflanzenfamilien (Pflanzen mit übereinstimmenden charakteristischen Merkmalen) geordnet. Pflanzen einer Familie sind miteinander verwandt.

Merkmale der Lippenblütengewächse

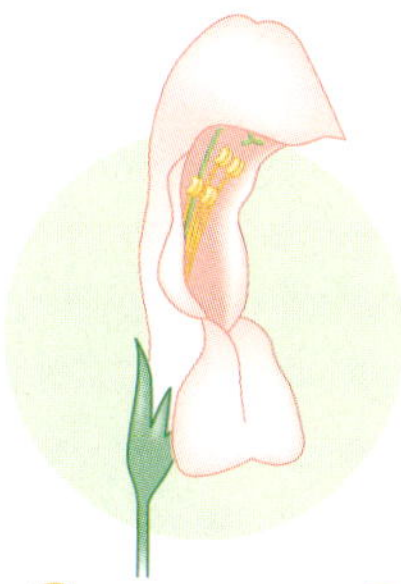
Lippenblüte

vierteiliger Fruchtknoten

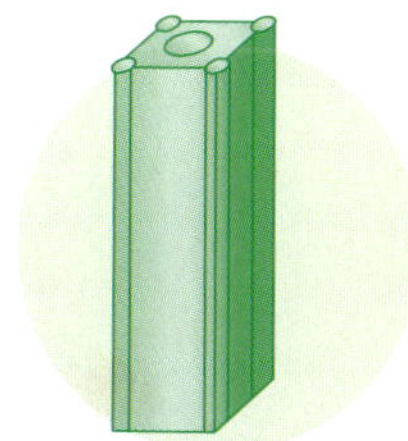
vierkantige Sprossachse

gekreuzt-gegenständig angeordnete Laubblätter

Vertreter:
Taubnessel, Günsel, Majoran, Pfefferminze, Thymian, Lavendel, Salbei, Wild-Ziest

Bedeutung:
Aufgrund der Inhaltsstoffe werden viele Lippenblütengewächse als Gewürzpflanzen, Heilpflanzen oder als Grundlage für die Kosmetikindustrie genutzt.

Merkmale der Schmetterlingsblütengewächse

Schmetterlingsblüte

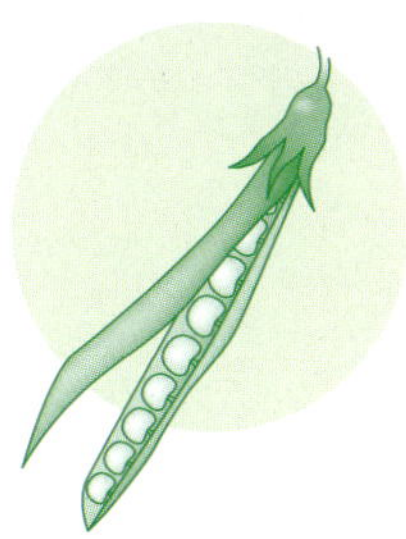
Frucht: Hülse

Blätter

Vertreter:
Robinie, Ginster, Garten-Erbse, Klee, Lupine, Goldregen, Wicke, Serradella

Bedeutung:
Schmetterlingsblütengewächse werden aufgrund ihrer Inhaltsstoffe als Gemüsepflanzen, Futterpflanzen oder wegen ihrer Farbenpracht als Zierpflanzen genutzt.

2

Wald als Lebensgemeinschaft

2

2.1
Der Wald und seine Bäume

Wald bedeutet Leben ▸▸ Bäume produzieren wie alle grünen Pflanzen Nährstoffe und Sauerstoff. Damit bilden sie die Grundlage für alle anderen Lebewesen. Wälder bieten Tieren und anderen Lebewesen Raum zum Leben, dem Menschen Platz zur Erholung und Entspannung. Wälder sorgen für ein stabiles Klima, sie bieten Schutz vor Wind und Sonne und bewahren den Boden vor Erosion. Sie regulieren den Wasserkreislauf.

Alt, hoch, dick ▸▸ Die höchsten Bäume der Erde stehen im Norden Kaliforniens im Redwood National Park. Der höchste Baum ist dort 112 m. Der gewaltigste aller Bäume ist der General Sherman Tree, ein Mammutbaum. Er steht im Sequoia National Park in den USA. Er ist zwar nur 84 m hoch, hat aber einen Umfang von 31 m. Sein Alter wird auf über 2500 Jahre geschätzt.

Wälder in Sachsen

Der Freistaat Sachsen hat in Sachen Wald eine Menge zu bieten: Fichtenwälder im Erzgebirge und Vogtland, mächtige Buchenwälder um Wermsdorf oder im Moritzburger Land, sandige Kiefernlandschaften in der Lausitz, feuchte Flussauen mit Weiden und Erlen. Dabei schneidet Sachsen im Vergleich mit anderen Bundesländern nicht einmal gut ab: der Freistaat ist ein waldarmes Land. Nur etwas mehr als ein Viertel der Landesfläche (516 572 ha) wird von Wäldern bedeckt.

Die heutigen Wälder und ihre Baumarten sind zurückzuführen auf den natürlichen Klimawandel nach der letzten Eiszeit und der Bearbeitung des Waldes durch den Menschen. Wurden in den vergangenen Jahrhunderten die Wälder vor allem als Sammel- und Jagdgebiet genutzt, mussten sie später neuen Siedlungen weichen oder Platz machen für Ackerflächen. Auch der Bedarf an Holz als Bau- und Brennstoff stieg ständig: Zum Abstützen der Stollen in den Silbergruben benötigte man viel Holz.

In der Bundesrepublik gibt es etwa 35 Millionen Bäume. Sie bedecken ungefähr ein Drittel der gesamten Fläche unseres Landes. Die größte Anzahl bilden Nadelbäume wie Kiefern und Fichten. Laubbäume sind zahlenmäßig unterlegen.

1 ▸ Wald in der Sächsischen Schweiz

Die Herstellung von Holzkohle für das Erzschmelzen verschlang außerdem eine große Menge Holz. Die benötigten Holzmengen wurden meist ohne Rücksicht eingeschlagen.

Um die drohende Waldvernichtung aufzuhalten, wurde ab dem 19. Jahrhundert begonnen, die Kahlflächen und die teilweise stark heruntergewirtschafteten Böden aufzuforsten. Dazu pflanzte man widerstandsfähige und schnell wachsende Nadelgehölze wie Fichten und Kiefern. Das ist der Grund dafür, dass noch heute im Freistaat Sachsen vier Fünftel aller Bäume Nadelbaumarten sind und nur ein Fünftel Laubbaumarten.

Heute werden große Anstrengungen unternommen, um bestehende Wälder zu erhalten und durch Waldumbau arten- und strukturreiche Mischwälder entstehen zu lassen.

Man bezeichnet eine solche vorausschauende Bewirtschaftung der Wälder als **nachhaltige Entwicklung.**

Auch kommende Generationen sollen den Wald erleben und dessen Holz nutzen können.

1811 wurde in Tharandt eine Forstlehranstalt durch Heinrich von Cotta gegründet. Das war die Geburtsstunde der Forstwirtschaft in Sachsen.

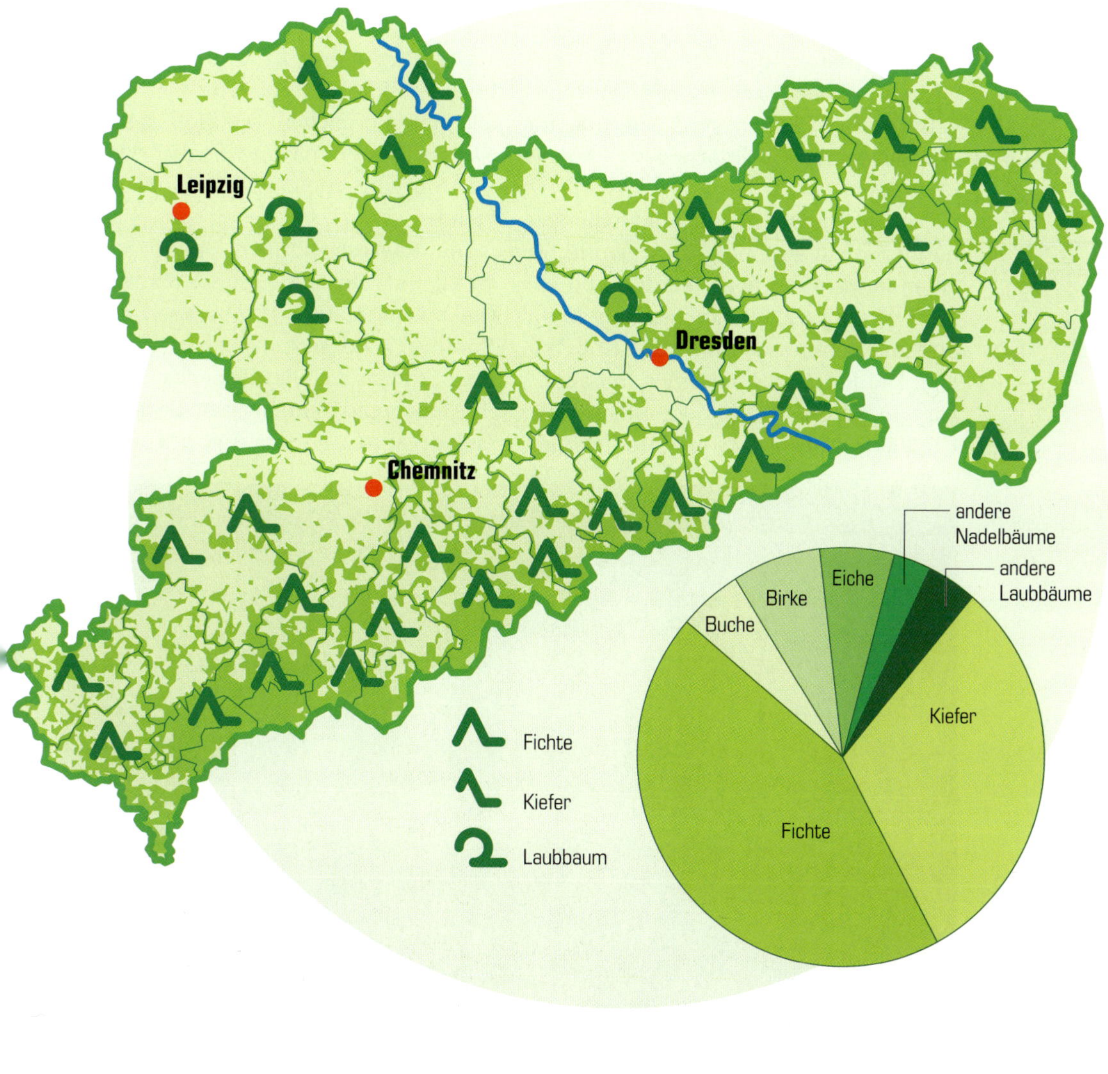

Einheimische Laubbäume

Die **Eiche** ist in Sachsen nach Fichte und Kiefer der dritthäufigste Waldbaum. Zwei Arten findet man in Sachsen, die *Stiel-Eiche* und die *Trauben-Eiche*. Beides sind große Bäume mit grobrissiger Rinde. Die *Stiel-Eiche* ist in ihren Ausmaßen größer als die *Trauben-Eiche*. Beide können sehr alt werden (*Stiel-Eiche* z. B. bis zu 1 000 Jahren).

An ihren Laubblättern kann man beide Arten gut erkennen, sie haben lappige Einbuchtungen. Unterscheiden lassen sich *Stiel-Eiche* und *Trauben-Eiche* an ihren Laubblättern sowie an den Früchten, den Eicheln. Die *Stiel-Eiche* hat kurz gestielte Blätter, die Eicheln sind lang gestielt. Bei der *Trauben-Eiche* ist es umgekehrt. Die Eicheln sind Nahrung für Wildschweine, Eichhörnchen, Mäuse und Vögel.

*Die **Gemeine Esche** ist ein großer Baum mit grauer und glatter Rinde. Die großen gefiederten Blätter haben zahlreiche Fiederblättchen. Feuchte und nährstoffreiche Böden werden von ihr bevorzugt. Sie wächst besonders an Flüssen und Bächen.*

Die **Rot-Buche,** häufig nur Buche genannt, ist ein sommergrüner Baum. Sie kann 30 bis 45 m hoch werden und ein Alter von etwa 250 Jahren erreichen. Ihr Stammdurchmesser kann bis 2 m betragen. Die *Rot-Buche* hat einen auffallend glatten Stamm mit silbergrauer Rinde. Die Blätter sind ganzrandig und werden im Herbst schön gelbrot. Die kleinen dreieckigen braunen Früchte, Bucheckern, sind für Eichhörnchen und Mäuse eine Nahrungsgrundlage. Sie sind ölhaltig. Das rötlich gefärbte Holz ist schwer und hart. Verwendung findet es als Parkett-, Möbel- und Bauholz.

Der **Ahorn** tritt als großer Baum mit den Arten *Berg-Ahorn, Spitz-Ahorn* und *Feld-Ahorn* auf. Die Blüten des *Berg-Ahorns* erscheinen erst nach der Belaubung. Beim *Spitz-Ahorn* ist dies umgekehrt. Die Früchte des Ahorns haben Flugvorrichtungen und können weit verbreitet werden. Die großen Blätter weisen fünf Lappen auf, die je nach Ahornart mehr oder weniger spitz ausfallen.

Der *Berg-Ahorn* kann bis über 30 m hoch werden und ein Alter von 400 bis 500 Jahren erreichen. Das Holz des *Berg-Ahorns* ist wertvoll und wird für Möbel und Musikinstrumente (Geigenbau) verwendet.

Die **Eberesche,** auch *Vogelbeere* genannt, ist ein mittelgroßer Baum mit schlankem Stamm und grauer, glatter Rinde. In Wäldern trifft man sie als Baum oder Strauch an. Die *Eberesche* ist durch ihre leuchtend roten Beeren, die für Vögel eine begehrte Nahrung sind, gut bekannt.

1 ▸ Buchenwald

Methoden

Wir bestimmen einige Laubbaumarten

1	• Blattfläche gebuchtet • Früchte in Bechern 2
1*	• Blätter gelappt • Früchte sind Flügelnüsse 3
2	• Blätter lang gestielt, mit keilförmigem Grund • Früchte fast ungestielt in Trauben **Trauben-Eiche** oder **Winter-Eiche**
2*	• Blätter kurz gestielt, mit herzförmig zweilappigem Grund • Früchte an langen Stielen **Stiel-Eiche** oder **Sommer-Eiche**
3	• 3 bis 7 Blattlappen mit runden Blatteinschnitten • Doppelte Flügelnüsse waagerecht oder im stumpfen Winkel 4
3*	• Immer 5 Blattlappen mit spitzen Blatteinschnitten • Doppelte Flügelnüsse im spitzen Winkel **Berg-Ahorn**
4	• Blätter mit spitzen Zähnen und runden Blatteinschnitten • Doppelte Flügelnüsse im stumpfen Winkel **Spitz-Ahorn**
4*	• Blätter nicht mit spitzen Zähnen, aber mit wenig abgerundeten Blatteinschnitten • Doppelte Flügelnüsse waagerecht **Feld-Ahorn**

*Die **Weiß-Tanne,** früher sehr häufig in Sachsens Wälder zu finden, ist heute vom Aussterben bedroht. In großen Pflanzaktionen versucht man diese Baumart zu retten.*

Einheimische Nadelbäume

Nadelbäume sind holzige **Samenpflanzen.** Sie sind seit Millionen von Jahren auf der Erde verbreitet und bestimmen noch heute das Landschaftsbild. Auffälligstes Merkmal dieser Bäume sind die zu Nadeln umgebildeten Blätter. Die Nadeln besitzen meist eine wachsähnliche Schicht. Sie geben weitaus weniger Wasser ab als die Blätter von Laubbäumen. Nadeln sind sehr frost- und hitzebeständig. Nadelbäume können daher in unterschiedlichen Klimazonen der Erde und auch in rauen Gebirgszonen mit großen Temperaturschwankungen wachsen.

Die **Gemeine Fichte** ist in Sachsen sowie in Mitteleuropa der wichtigste Forstbaum. Sie ist ein hoch aufragender kegelförmiger Baum mit spitzer Krone. Sie kann Höhen bis 50 m erreichen und bis zu 600 Jahre alt werden. Im Forst erfolgt die Holzernte bereits nach 80 bis 100 Jahren. Die *Fichte* weist eine rötliche Rinde auf. Besonders gut lässt sie sich durch die Zapfen von anderen Fichten, aber auch Tannen, unterscheiden. Die Zapfen hängen an den Zweigen und werden im Herbst als Ganzes abgeworfen. Die Nadeln sind vierkantig, spitz und an allen Seiten dunkelgrün.

Die *Fichte* wächst im Hügel- und Bergland und besiedelt auch die sächsischen Mittelgebirge. Von den Fichtensamen ernähren sich viele Waldtiere wie Eichhörnchen, Spechte und Mäuse.

1 ▸ Europäische Lärche

Die **Gemeine Kiefer,** die *Wald-Kiefer,* ist ein Baum von unregelmäßigem Wuchs mit schirmförmiger Krone. Sie kann Höhen von 35 m bis 45 m erreichen und bis zu 600 Jahre alt werden. Die langen Nadeln sind derb und stechend. Sie stehen stets zu zweit. Die kleinen geflügelten Samen werden von vielen Vögeln gern gefressen. Die ei- bis kegelförmigen Zapfen fallen nach drei Jahren von den Zweigen und liegen dann in großer Zahl auf dem Waldboden. Die *Gemeine Kiefer* wächst vor allem auf trockenen Böden.

Die **Europäische Lärche** (Abb. 1) ist ein bis 40 m hoher kegelförmiger Baum mit waagerechten und weit ausladenden Ästen. Sie kann ein Alter von 400 Jahren erreichen. Die kurzen Nadeln sind weich und stehen in Büscheln. Im Herbst ist die *Lärche* an der goldgelben Färbung der Nadeln zu erkennen. Sie fallen im Winter ab. Von den Samen der kleinen eiförmigen Zapfen ernähren sich viele Vogelarten. Die *Lärche* ist sehr unempfindlich gegen Frost. Sie gedeiht am besten im Gebirge. Für die Wiederaufforstung geräumter Schadflächen im Erzgebirge ist sie gut geeignet.

Die hier vorgestellten Nadelbäume und andere gehören in eine Pflanzenfamilie, in die **Familie der Kieferngewächse.** Kennzeichen der Kieferngewächse sind nadelförmige Blätter und Zapfen.

Methoden

Wir bestimmen einige Kieferngewächse

1	• Nadeln einzeln 2
1*	• Nadeln in Büscheln **Europäische Lärche** Nadeln hellgrün, weich, Bäume im Winter ohne Nadeln
2	• Nadeln vierkantig • Nadeln am Grunde mit braunem Stielchen 3
2*	• Nadeln flach • Nadeln ohne braunes Stielchen 4
3	• Nadeln mattgrün bis graugrün, stechend hart • Nadeln allseitig am Zweig starr abstehend **Blau-Fichte** oder **Stech-Fichte**
3*	• Nadeln grün, fest, aber biegsam • Nadeln sitzend auf Nadelkissen, um den Zweig herum stehend **Gemeine Fichte** Zapfen hängend
4	• Nadeln länger als 4 cm • Nadeln beiderseits graugrün, biegsam, meist sichelförmig, aufwärts gebogen **Grau-Tanne** Nadeln zerrieben wohlriechend
4*	• Nadeln kleiner als 4 cm • Nadeln grün, untere Seite mit 2 weißen Streifen, deutlich gescheitelt **Weiß-Tanne** Zapfen aufrecht stehend

Die Schichtung eines naturnahen Mischwaldes

Ein Wald ist in der Landschaft an seinen dicht stehenden und hoch aufragenden Bäumen schon von weitem zu erkennen. Laubmischwälder sind insbesondere am Waldrand **stockwerkartig** aufgebaut. Sie weisen eine **Schichtung** auf (Abb. 1).

Die Baumschicht

Nadel- und Laubbäume bilden die Baumschicht. Der **Baumschicht** werden alle Bäume über 5 m Höhe zugeordnet. Die hohen Bäume bremsen die Geschwindigkeit des Windes ab und schützen benachbarte Siedlungen. Die Wurzeln halten das Erdreich fest und speichern viel Wasser. Die Blätter geben Sauerstoff ab und filtern Staub und Ruß aus der Luft. Erholungsorte befinden sich daher meist in waldreichen Gegenden.

Die Nadel- und Laubbäume der Baumschicht werden von der Forstwirtschaft zur Gewinnung des Rohstoffes Holz genutzt.

1 ▸ Schichten in einem Mischwald

1 ▸ Hasel mit Früchten

2 ▸ Pfaffenhütchen mit Früchten

3 ▸ Weißdorn mit Früchten

Die Strauchschicht

Sträucher und Jungwuchs von Bäumen bilden die **Strauchschicht.**

Alle grünen Pflanzen des Waldes mit einer Wuchshöhe zwischen 50 cm und 5 m werden der Strauchschicht zugeordnet. In Auenwäldern und Eichenmischwäldern ist eine artenreiche Strauchschicht ausgebildet. Durch die Baumkronen dringt genügend Licht und ermöglicht das Gedeihen von Sträuchern.

In Buchenwäldern bildet die *Rot-Buche* ein sehr dichtes Kronendach. In diesen Wäldern ist kaum eine Strauchschicht vorhanden. In einem Fichtenforst fehlen Strauch- und Krautschicht. Dort ist es zu dunkel.

Die Strauchschicht des Waldes hält den Wind vor dem Eindringen in das Waldesinnere ab. Die Laubstreu des Waldbodens wird dadurch nicht fortgeblasen. Sie verbleibt im Wald und schützt zugleich den Boden vor Austrocknung.

Blätter und Früchte der Sträucher dienen den Tieren als Nahrung. In einem Eichenmischwald wird die Strauchschicht z. B. von *Hasel, Weißdorn, Pfaffenhütchen* und jungen *Eichen* gebildet.

Der *Weißdorn* ist ein sperriger, dorniger Strauch oder auch kleiner Baum. Die roten Früchte sind eine Nahrung für Vögel.

Das *Pfaffenhütchen* ist ein Strauch mit eiförmig-lanzettlichen Blättern. Seine Früchte sind rote, vierkantige Kapseln.

Die *Hasel* ist ein mittelgroßer bis großer Strauch, der sich dicht über der Erde mit vielen Stämmen verzweigt. Die eiförmigen Blätter sind am Stiel herzförmig. Die Früchte sind Haselnüsse, die nicht nur von Eichhörnchen gern verzehrt werden.

Die Krautschicht

Alle Pflanzen bis zu einer Größe von 50 cm werden der **Krautschicht** zugeordnet. Eine reiche Krautschicht haben Laubmischwälder, bei denen genügend Licht den Waldboden erreicht.

In *Fichtenforsten* gedeihen nur vereinzelt krautige Pflanzen, z. B. Gräser, denn es dringt nicht genügend Licht bis in die untere Schicht des Waldes.

Die Samenpflanzen der Krautschicht speichern viel Wasser in ihren Sprossen. Durch die Blätter verdunstet das Wasser. Dadurch tragen diese Pflanzen dazu bei, dass im Wald eine höhere Luftfeuchte herrscht als außerhalb des Waldes.

Der *Wald-Sauerklee* (Abb. 2) ist eine von April bis Mai blühende Schattenpflanze. Bei Anbruch der Dunkelheit schließen sich die Blüten und werden nickend. Die Blätter nehmen eine „Schlafstellung" ein. Die Fiederblättchen sind dann abwärts gerichtet. Auch bei direktem Tageslicht falten sich die Blätter. Dadurch verdunsten sie weniger Wasser.

1 ▸ Knäuelgras

Das *Frühlings-Scharbockskraut* (Abb. 3) überzieht als Frühblüher oft großflächig den Boden in Laubwäldern. Den Winter übersteht die Pflanze mithilfe von Wurzelknollen.

Zu erkennen ist das *Frühlings-Scharbockskraut* an seinen glänzenden goldgelben Blütensternen. Sie schließen sich nachts und bei kalter, feuchter Witterung. Nach der Blütezeit sterben die oberirdischen Teile ab.

Der *Hohle Lerchensporn* überwintert mit einer innen hohlen Knolle. Schon im März erscheinen die rotvioletten oder auch weißen Blütentrauben in der Krautschicht der Laubwälder. Eines der vier Kronblätter bildet einen Sporn. Der Nektar befindet sich im Sporn und kann auf normalem Wege nur von langrüsseligen Insekten erreicht werden.

Das *Wald-Knäuelgras* ist eine ausdauernde Pflanze und besiedelt Laubmischwälder. Es bildet Rispen aus. Die Ährchen der Rispen sind knäuelartig angeordnet.

2 ▸ Wald-Sauerklee

3 ▸ Frühlings-Scharbockskraut

2

Der *Waldmeister* (Abb. 2) bildet in Laubwäldern eine dichte Blattfläche. Er blüht im Mai. Zu erkennen ist er an seinen Blattquirlen, die je 8 lanzettliche Blätter tragen. Einige Wirkstoffe des *Waldmeisters* werden künstlich hergestellt und z. B. als Aromastoffe bei der Getränkeherstellung genutzt.

Das *Springkraut* (Abb. 1) ist eine einjährige Pflanze. Mitunter wird diese in Laub- und Nadelwäldern vorkommende Pflanze auch „Rührmichnichtan" genannt. Ihre Samen befinden sich in einer Fruchtkapsel. Ist diese reif, so werden bei der leisesten Berührung, z. B. von vorbeistreifenden Tieren oder vom Wind, die Samen weit fortgeschleudert.

Dicht über dem Waldboden wachsen **Moose** und **Pilze**. Moose wirken im Wald als Wasserspeicher. Damit sichern Moose eine wichtige Lebensgrundlage für sich selbst und für viele andere Organismen des Waldes. Zugleich beeinflussen sie damit das Klima im Wald. An heißen Sommertagen freuen sich die Besucher besonders über die Kühle des Waldes.

Die Bodenschicht

Die Wurzeln der Pflanzen bilden die **Bodenschicht.** Die Wurzeln der Bäume reichen unterschiedlich tief in den Bodenraum hinein. Fichten sind **Flachwurzler** und Kiefern **Tiefwurzler.** Manche Gräser und andere krautige Pflanzen senken ihre Wurzeln bis in 2 m Tiefe.

Im Bodenraum lassen sich „Wurzelstockwerke" finden. Die Vorräte der Bodenschicht an Wasser und Nährstoffen werden so günstig von den Pflanzen erschlossen.

3 ▸ Moospflanze

M

Wälder weisen besonders an den Rändern einen stockwerkartigen Aufbau auf. Die Pflanzen der einzelnen Schichten sind an die in der Schicht herrschenden Lebensbedingungen angepasst.

1 ▸ Springkraut

2 ▸ Waldmeister

Tiere in den Schichten des Waldes

Die Schichten des Waldes stellen für Tiere vielfältige Lebensräume dar. Sie finden Nahrung, Möglichkeiten zum Bau von Brut- und Wohnstätten und zum Aufziehen ihrer Jungen. Sie erhalten Schutz vor Feinden.

Buntspecht

Lebensraum: Baumkronen, Baumstämme
Nahrung: Zapfen von Fichten und Kiefern; Insekten und ihre Larven werden mit dem harten und spitzen Schnabel (Meißelschnabel) frei gelegt, mit der dünnen langen und klebrigen Zunge hervorgeholt

Eichhörnchen

Lebensraum: Baumschicht
Nahrung: Zapfen von Nadelbäumen, Nüsse, Beeren, Insekten, Pilze und Vogeleier; es ist für Baummarder und Habichte Beutetier

Trauermantel

Lebensraum: Strauch- und Krautschicht
Nahrung: Baumsäfte, Säfte von reifem Obst

Blindschleiche

Lebensraum: Krautschicht
Nahrung: Nacktschnecken, Regenwürmer, Insekten

Assel

Lebensraum: Bodenschicht
Nahrung: verfaulte, vermoderte Pflanzenteile

2

Laubwälder und ihre Schichten wandeln sich in den Jahreszeiten

Das Aussehen von Laubwäldern wandelt sich regelmäßig wiederkehrend in den verschiedenen Jahreszeiten. Sie weisen verschiedene **jahreszeitliche Aspekte** auf.

Im Frühjahr ist es vor dem Austreiben der Blätter im Buchenwald hell. Das Sonnenlicht fällt durch die lichten Baumkronen auf den Waldboden. Buchenwälder sind im März/April dann oft mit einem weißen Blütenteppich aus *Busch-Windröschen* überzogen. Buchenwälder zeigen ihren **Frühjahrsaspekt** (Abb. 1a). Das *Busch-Windröschen* zählt zu den ersten Frühblühern im Wald.

Den Winter übersteht es durch eine waagerecht im Boden liegende Sprossachse (Rhizom). Darin sind Nährstoffe gespeichert. *Busch-Windröschen,* aber auch *Frühlings-Scharbockskraut, Hohler Lerchensporn* brauchen viel Licht zum Blühen und Fruchten.

In der ersten Maihälfte entfaltet sich bei den *Rot-Buchen* das Laub. Bald gelangt durch das dichte Kronendach nur noch wenig Sonnenlicht bis zum Waldboden. Im Halbdunkel des Buchenwaldes blühen dann z. B. der *Waldmeister,* die *Frühlings-Platterbse,* die *Einbeere.* In der Krautschicht wachsen verschiedene Gräser wie das *Wald-Knäuelgras.* Die farbenprächtige Blühperiode geht zu Ende. Im Buchenwald zeigt sich der **Sommeraspekt** (Abb. 1b) mit üppigem grünem Pflanzenwachstum.

Werden die Tage wieder kürzer und fallen die Temperaturen, so zeigt sich bald der **Herbstaspekt** (Abb. 1c). Im Buchenwald herrscht dann eine prächtige Laubfärbung zwischen lebhaft rot- und gelbgefärbten Blättern vor.

Nach den ersten Frösten genügen leichte Windstöße, um das Laub von den Bäumen zu fegen. Der Buchenwald wird kahl und es zeigt sich der **Winteraspekt** (Abb. 1d). Die regelmäßig wiederkehrenden Aspekte des Laubwaldes werden durch wechselnde Licht-, Temperatur- und Feuchtigkeitsverhältnisse bewirkt.

M

Laubwälder weisen einen Frühjahrs-, Sommer-, Herbst- und Winteraspekt auf.

1 ▸ Buchenwald: jahreszeitliche Aspekte

a ▸ Frühlingsaspekt
b ▸ Sommeraspekt

c ▸ Herbstaspekt
d ▸ Winteraspekt

gewusst · gekonnt

1. Wir wollen Waldbäume kennen lernen. Dazu legen wir auf Karten Baumsteckbriefe an.
   a) Sammle verschiedene Blätter von Waldbäumen. Denke daran: Auch Nadeln sind Blätter. Wie fühlen sich die Blätter an? Klebe oder zeichne jedes Blatt auf je eine Karte. Beschreibe Größe, Form und Farbe der Blätter (Oberseite/Unterseite).
   b) Beschreibe die Rinde der Bäume, von denen die Blätter stammen. Wie fühlt sich die Rinde an? Lege ein weißes Blatt Papier an den Baum und streiche großflächig mit einem Wachsstift darüber. So erhältst du eine Struktur der Rinde.
   c) Beschreibe die Wuchsformen der ausgewählten Waldbäume (z. B. kegelförmig, spitze Krone, gewunden, knorrig). Skizziere die Wuchsformen auf dem Baumsteckbrief.
   d) Welche Besonderheiten weisen die ausgewählten Waldbäume auf?
   e) Versuche die Namen der beobachteten Waldbäume herauszufinden. Trage die Namen in die Baumsteckbriefe ein.

2. Holz ist ein wertvoller Rohstoff. Nenne Nutzungsmöglichkeiten bzw. Verwendungszwecke für Holz.

3. Tritt man an einem Sommertag aus einem Laubwald heraus auf eine Wiese, spürt man sofort den Unterschied zwischen dem Waldesinneren und der Wiese. Ordne folgende Adjektive den Begriffen „Laubwald“ und „Wiese“ zu: heller, dunkler, windiger, windstill, kühler, wärmer. Suche selbst noch weitere zutreffende Adjektive.

4. Laubwälder sind stockwerkartig aufgebaut. Ordne die Namen folgender Wald bildender Pflanzen den einzelnen Schichten des Waldes zu: Hasel, Stiel-Eiche, Rot-Buche, Jungwuchs des Berg-Ahorns, Pfaffenhütchen, Busch-Windröschen, Pfahlwurzel der Gemeine Kiefer, Feld-Ahorn, Springkraut.

5. Frühblüher kannst du nur im Frühjahr im Wald finden. Wenn die Bäume ihre Blätter bekommen, beenden die Frühblüher ihr Wachstum und überdauern mit unterirdischen Speicherorganen bis zum nächsten Frühjahr.
   a) Begründe, warum die Frühblüher nur im Frühjahr wachsen, blühen und ihre Samen produzieren.
   b) Warum können gerade Frühblüher im noch kalten Frühjahr wachsen?
   c) Welchen Nutzen haben die Frühblüher für die Insekten im Wald?

6. Versuche herauszufinden, warum sich die Laubblätter im Herbst verfärben. Nutze dazu verschiedene Informationsquellen, z. B. Internet, Fachbücher.

7. In einem mitteleuropäischen Buchenwald werden etwa 7 000 Tierarten und 4 000 Arten aller anderen Organismengruppen gefunden.
   a) Nenne neben den Tieren weitere Organismengruppen.
   b) Begründe, warum gerade im Wald so viele Arten leben können.
   c) Warum müssen Wälder geschützt werden?

2

Das Wichtigste auf einen Blick

Der Wald und seine Bewohner

Ein Wald besteht aus einer Vielzahl unterschiedlicher Bäume.

Man unterscheidet Laubbäume und Nadelbäume.

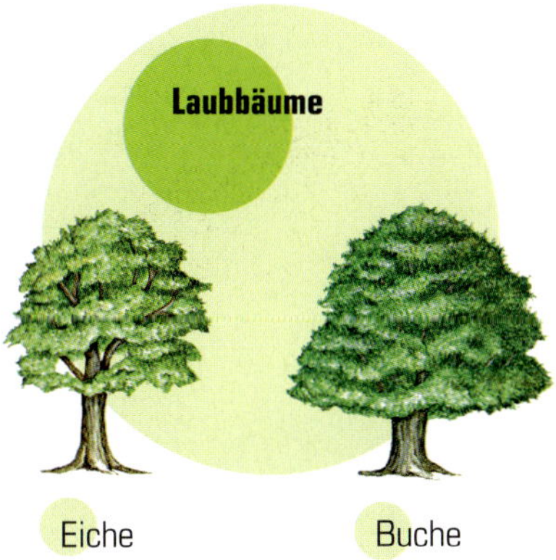

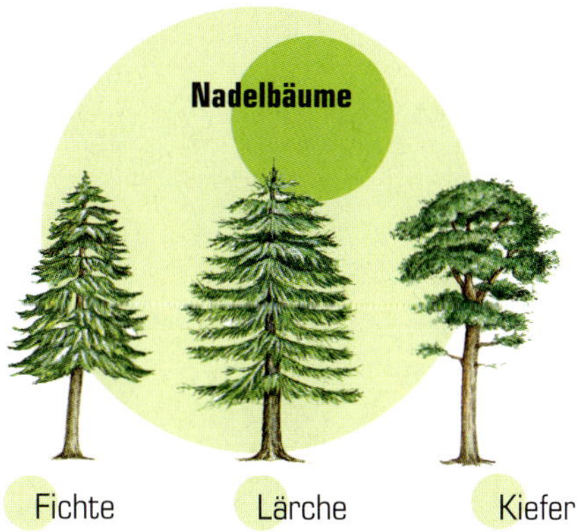

Der Wald ist Lebensraum für wirbellose Tiere, Wirbeltiere, Pflanzen und Pilze.
In einem naturnahen Mischwald findet man verschiedene Schichten. In den Schichten leben verschiedene Tiere, Pflanzen und andere Lebewesen.
Das Aussehen der Laubwälder ändert sich mit den Jahreszeiten.

2.2 Pilze, Moose, Farne

Artenreich und vielgestaltig ▸▸ Pilze sind eine sehr artenreiche und vielgestaltige Gruppe von Lebewesen. Auf der Erde sind über 100 000 verschiedene Pilzarten bekannt. Sie kommen in den unterschiedlichsten Formen und Größen vor und sind weltweit verbreitet.

Natürlicher Wasserspeicher ▸▸ Im Gegensatz zu Samenpflanzen nehmen Moose Wasser mit der gesamten Oberfläche auf. Ihre dünnen Blättchen geben Wasser bei großer Hitze aber schnell wieder ab. Durch einen Trick schützen sich die Moose vor dem Austrocknen. Sie verkürzen die Mittelrippe der Moosblättchen. Dadurch legen sich die Moosblättchen an das Stämmchen an und die feuchte Luft wird in dem Moospolster „eingeschlossen“. Gleichzeitig wird die Wasserabgabe eingeschränkt.

Pilze – Lebewesen der Bodenschicht

Im Spätsommer oder im Herbst findet man im Wald z.B. *Fliegenpilze, Maronenröhrlinge* und auf den Wiesen den *Wiesen-Champignon.* Wir sagen dann zwar, wir haben einen Pilz gefunden, in Wirklichkeit aber sind es die „Fruchtkörper" dieser Pilze. Der **Fruchtkörper** ist aus einem Stiel und einem Hut aufgebaut. Deshalb nennt man diese Pilze **Hutpilze. Schimmelpilze** sind anders aufgebaut.

Fliegenpilz

Lamellenpilz, giftig

Vorkommen: Laub- und Nadelwald, im Flachland häufiger unter Birken, im Gebirge mehr unter Fichten

Merkmale: schlanker etwa 6 bis 20 cm hoher Stiel, auffällig der rote Hut, mit vielen kleinen weißen Hüllresten, deutliche Manschette und auffällige Knolle

Goldfell - Schüppling

Lamellenpilz, ungenießbar

Vorkommen: in Büscheln auf Stämmen von Laubbäumen

Merkmale: niedrig gewölbter, rostgelber 5 bis 10 cm breiter Hut mit gelbbraunen Schuppen, gelber Stiel unten braun schuppig

Butterpilz

Röhrenpilz, essbar

Vorkommen: Kiefernwälder

Merkmale: braungelblicher bis braunrötlicher, 5 bis 12 cm breiter, etwas gewölbter Hut, Huthaut vollkommen abziehbar, glänzend und schleimig, Stiel kurz, über dem hellen Ring bräunliche Körnchen

Steinpilz

Röhrenpilz, essbar

Vorkommen: in Laub- und Nadelwäldern

Merkmale: kastanienbrauner, bis 20 cm breiter Hut auf keulen- bis walzenförmigem, weißlichem Stiel, festes weißes „Fruchtfleisch"

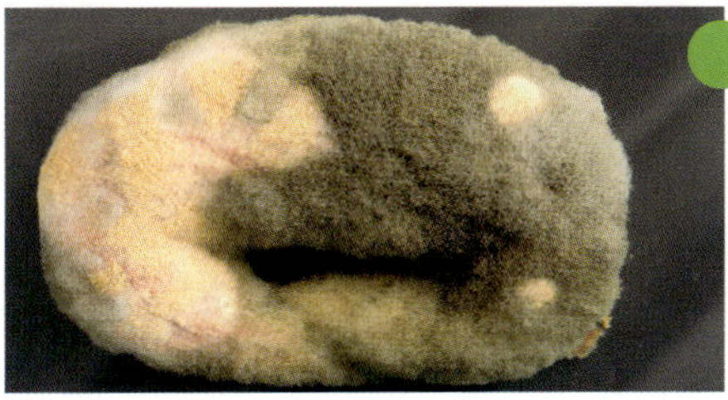

Schimmelpilz

z. B. Köpfchenschimmel, Gießkannenschimmel

Vorkommen: u. a. im Erdboden, in faulenden Früchten, auf altem Brot

Merkmale: faseriger, flockiger oder staubiger, weißlicher, grauer, bläulich grüner, gelblicher, rötlicher, bräunlich schwarzer Überzug auf leblosen Köpern

Bau der Hutpilze

Wer Pilze sammelt, muss wissen, dass die Hutpilze in essbare, ungenießbare und giftige Hutpilze eingeteilt werden. Pilzgifte können u.a. die inneren Organe und das Nervensystem schädigen. Deshalb müssen Pilzsammler bestimmte Regeln für das Sammeln von Pilzen einhalten.

Auf der Erde sind bisher etwa 100 000 verschiedene Pilzarten bekannt. Pilze kommen in den unterschiedlichsten Formen und Größen vor und sind weltweit verbreitet. Einige Vertreter sind so winzig, dass man sie nur mithilfe von Lupe oder Mikroskop erkennen kann. Dazu gehören z. B. die **Hefepilze**, die nur aus einer Zelle bestehen, und die **Schimmelpilze,** die man in und auf schimmeligen Nahrungsmitteln findet. Im Wald findet man oft die Fruchtkörper von Pilzen. Diese Pilze werden **Hutpilze** genannt.

Wenn man einen Hutpilz vorsichtig aus dem Boden herausgräbt und die Erde entfernt, dann findet man am Ende des Stiels ein verzweigtes Geflecht feiner weißer Pilzfäden. Dieses Fadengeflecht, auch Pilzgeflecht oder Myzel genannt, ist der eigentliche Pilz. In den Zellwänden der Pilzfäden befindet sich im Unterschied zu Pflanzen nicht Cellulose, sondern Chitin. Dieses unterirdische, weit verzweigte Geflecht feiner Pilzfäden durchwächst den Boden oft mehrere Meter weit.

Das Pilzgeflecht bildet bei günstigen Bedingungen, z. B. Feuchtigkeit und Wärme, den oberirdischen Teil der Pilze, den Fruchtkörper, aus. Dieser ist in Stiel und Hut gegliedert.

2 ▸ Maronenröhrling

Der Fruchtkörper trägt auf der Unterseite des Hutes eine Schicht aus feinen Röhren oder aus strahlig angeordneten blattartigen Lamellen. Nach diesem charakteristischen Merkmal teilt man die Hutpilze in zwei Gruppen ein, in die **Röhrenpilze** und die **Lamellenpilze** (Abb. 1).

Zu den Röhrenpilzen gehören z. B. *Maronenröhrling* (Abb. 2), *Steinpilz, Butterpilz* (Abb. S. 43), *Birkenpilz.*
Lamellenpilze sind beispielsweise der *Grüne Knollenblätterpilz,* der *Fliegenpilz* (Abb. S. 43), der *Wiesen-Champignon* und der *Riesenschirmpilz.*

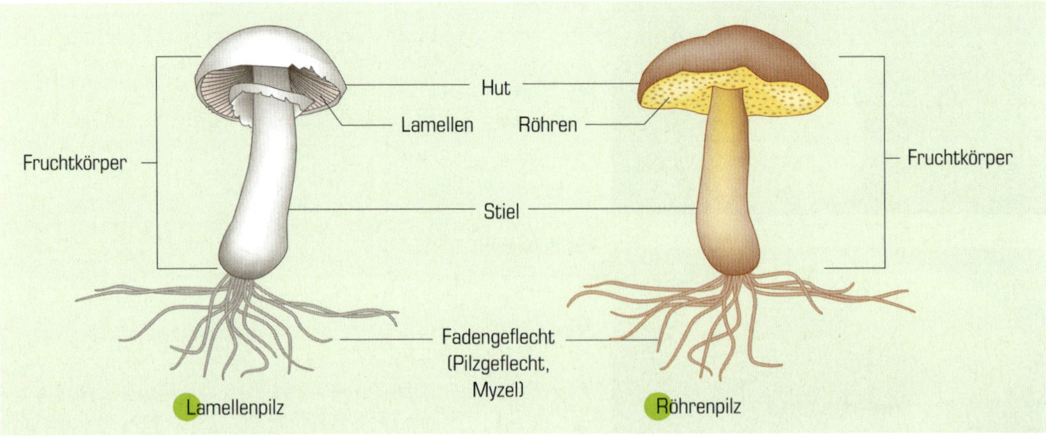

1 ▸ Bau von Lamellenpilz und Röhrenpilz

Ernährung

Pilze haben keinen grünen Blattfarbstoff (Chlorophyll). Sie können sich also nicht wie die grünen Pflanzen vom Kohlenstoffdioxid der Luft, von Wasser und Mineralstoffen aus dem Boden unter Nutzung des Sonnenlichtes ernähren. Sie ernähren sich von solchen Stoffen, die andere Organismen gebildet haben. Das sind organische Stoffe wie Kohlenhydrate. **Pilze werden nicht zu den Pflanzen gezählt.** Sie stellen eine eigene Organismengruppe dar.

Pilze ernähren sich z. B. von Pflanzenresten wie totes Holz und zersetzen diese dabei. Sie werden dann *Fäulnisbewohner* genannt. Als **Zersetzer** von Pflanzenresten haben sie eine große Bedeutung.

Manche Pilze leben mit den Wurzeln von Bäumen zusammen und bilden eine *Pilzwurzel.* Das Fadengeflecht dringt z. B. in die Wurzel der Birke ein und entnimmt dieser Nährstoffe. Der Birkenpilz „hilft" mit seinem weit verzweigten Fadengeflecht den Wurzeln der Birke bei der Aufnahme von Wasser. Jeder Partner zieht dabei aus dem Zusammenleben seinen Nutzen. Diese Form des Zusammenlebens wird als **Symbiose** bezeichnet. Manche Pilze bevorzugen bestimmte Waldbäume, z. B. der Birkenpilz die Birken, der Maronenröhrling Fichten und Kiefern. So kommt es, dass bestimmte Pilze meist nur unter bestimmten Bäumen zu finden sind.

Fortpflanzung

Auf der Unterseite des Hutes werden in den Röhren bzw. an den Lamellen Millionen sehr kleiner **Sporen** gebildet (Abb. 1). Sie dienen der **ungeschlechtlichen Fortpflanzung** und Vermehrung der Pilze.

Der Wind verbreitet die Pilzsporen. Bei günstigen Lebensbedingungen (Feuchtigkeit, Wärme) keimen sie aus, wachsen zu feinen Pilzfäden heran und bilden im Boden neue, weit verzweigte Pilzgeflechte. Diese bilden oberirdisch neue Fruchtkörper (Abb. 1) aus.

Der alte Fruchtkörper stirbt nach Ausfall der Sporen ab. Das Pilzgeflecht im Boden bleibt erhalten und bildet im nächsten Jahr neue Fruchtkörper aus.

M

Pilze besitzen einen Fruchtkörper, in dem Sporenträger mit Sporen ausgebildet werden. Im Boden befindet sich ein Fadengeflecht. Pilze vermehren sich durch Sporen.

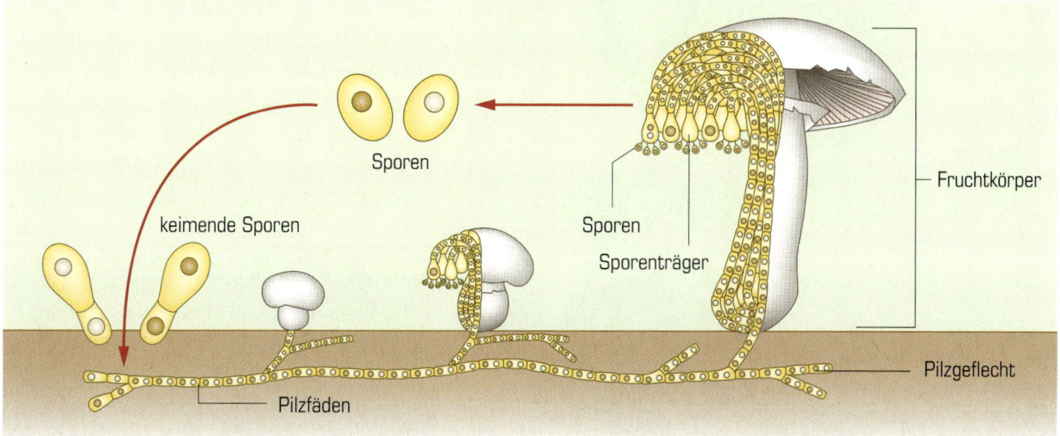

1 ▸ Fortpflanzung eines Hutpilzes

Moose – Wasser speichernde Lebewesen

Moose gehören zu den ersten Lebewesen, die die Erde besiedelten. Man nimmt an, dass sich Moose vor 400 bis 450 Mio. Jahren entwickelt haben. Seit dieser Zeit haben sich die Moose viele Lebensräume erschlossen. Man findet sie überall auf der Erde, u. a. an fließenden Gewässern, auf 6 000 m hohen Bergen, in den Tropen und sogar in der arktischen Kälte. Auch ihre Vielfalt ist mit etwa 26 000 Arten recht groß.

Die ältesten gefundenen Fossilien sind etwa 350 Millionen Jahre alt.

Nach ihrem Bau unterscheidet man zwei große Gruppen von Moospflanzen. Eine Gruppe, die **Lebermoose,** dehnen sich auf dem Boden flächig aus und sind gabelig verzweigt. Zu den Lebermoosen gehört z. B. das *Brunnenlebermoos.*

Die andere Gruppe, die **Laubmoose,** bildet oft dichte Moospolster auf dem Waldboden und auf umgestürzten toten Bäumen sowie Baumstümpfen. Dazu gehören die meisten Moospflanzen, u. a. das *Goldene Frauenhaar* und das *Widertonmoos.*

1 ▸ Widertonmoos (Laubmoos)

2 ▸ Brunnenlebermoos (Lebermoos)

3 ▸ Katharinenmoos – ein Laubmoos

Die einzelnen Moospflanzen von Laubmoosen sind meist in **Stämmchen** und **Blättchen** gegliedert. **Rhizoide,** das sind wurzelähnliche Haftorgane, verankern die Moospflanze im Boden.

Moospflanzen enthalten den grünen Blattfarbstoff *Chlorophyll.* Sie ernähren sich von Kohlenstoffdioxid der Luft, Wasser und Mineralstoffen. Die Aufnahme dieser Stoffe erfolgt im Unterschied zu den Samenpflanzen nicht durch die Rhizoide, sondern durch die gesamte Oberfläche der Moosblättchen.

Die Moospflanzen „fangen“ Regenwasser auf und speichern dieses in den Moosblättchen sowie zwischen den Blättchen und Stämmchen. Moospolster sind also **Wasserspeicher.**

Das ist für den Wald von Bedeutung. Das in dem Polster gespeicherte Wasser versickert nur allmählich in den Boden oder verdunstet langsam. So wird auch bei großer Trockenheit ein völliges Austrocknen des Bodens verhindert. Auch die Luftfeuchtigkeit im Wald bleibt erhalten.

Moose sind in Stämmchen, Blättchen und wurzelähnliche Rhizoide gegliedert (Laubmoose) oder besitzen einen flächenförmigen Körper (Lebermoose). Sie besiedeln als Moospolster feuchte Standorte.

Fortpflanzung der Moose

Die Fortpflanzung der Moose unterscheidet sich deutlich von der Fortpflanzung der Samenpflanzen.
Wenn man eine Moospflanze im Frühjahr genauer betrachtet, kann man eine gestielte **Sporenkapsel** erkennen. In dieser Kapsel reifen Sporen heran. Bei günstigen Witterungsverhältnissen bricht der Deckel der Kapsel auf und die Sporen fallen heraus. Finden sie einen günstigen Lebensraum, z. B. feuchte Erde vor, keimen sie aus. Zunächst bildet sich ein fadenförmiger Vorkeim. Durch die Sporen pflanzen sich die Moose **ungeschlechtlich** fort.

Aus dem **Keimfaden** entstehen dann die eigentlichen Moospflanzen, die entweder weibliche oder männliche Fortpflanzungsorgane besitzen. In den weiblichen Fortpflanzungsorganen werden **Eizellen** und in den männlichen **Samenzellen** gebildet. Mithilfe von Geißeln schwimmen die Samenzellen im Wasser des Moospolsters zu den weiblichen Fortpflanzungorganen. Treffen sie auf eine reife Eizelle kommt es zur Verschmelzung von Samenzelle und Eizelle, die Eizelle ist **befruchtet**.

Bei den Moosen wechseln sich also eine ungeschlechtliche (Generation, die Sporen ausbildet) und eine geschlechtliche Generation (Generation, die Schwärmerzellen und Eizellen ausbildet) ab. Man nennt dies Generationswechsel.

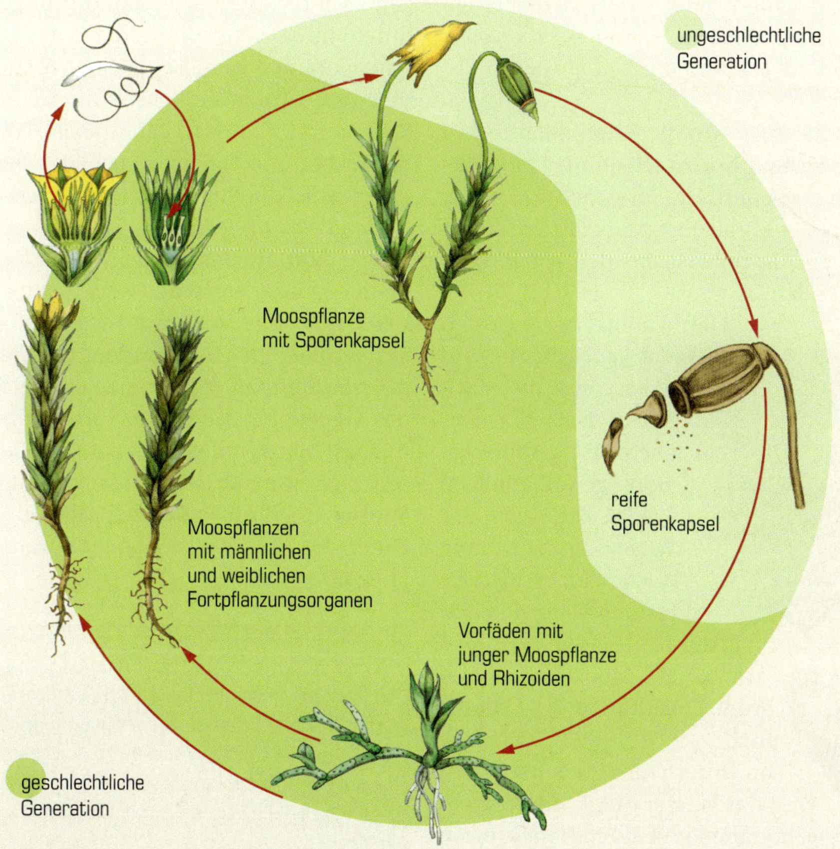

1 ▸ Generationswechsel bei der Fortpflanzung der Moose

Farne – Lebewesen der Krautschicht

Noch heute findet man in den Steinkohleflözen oft fossile Teile der damals lebenden Farn-, Bärlapp- und Schachtelhalmpflanzen. Die Farnpflanzen kamen in einer so großen Zahl vor, dass man die Zeit damals auch das Zeitalter der Farne nennt. Noch heute gibt es viele Farnpflanzen.

Farnpflanzen gehören zu den ältesten Landpflanzen. Ihre größte Entwicklungs- und Verbreitungszeit hatten sie vor 405 bis 250 Millionen Jahren. Damals bildeten Farnpflanzen riesige Wälder, die Grundlage für die Steinkohleentstehung waren. In unseren Breiten kommen Farnpflanzen heute nur als Kräuter vor. Baumfarne (bis zu 20 m) gibt es auf der Südhalbkugel der Erde.

Aufgrund äußerer Unterschiede in der Gestalt werden die Farnpflanzen in verschiedene Gruppen eingeteilt: in **Bärlappe, Schachtelhalme** und **Farne.**

Die Krautschicht von Laub- und Mischwäldern wird vielfach durch **Farne** geprägt. Etwa 60 Arten von Farnen kommen in Mitteleuropa vor. Sie bevorzugen schattige, feuchte Wälder, wo sie häufig große Flächen bedecken. Am weitesten verbreitet sind *Wurmfarn* und *Frauenfarn.*

Farne sind wie die Samenpflanzen in **Wurzel** und **Sprossachse** mit **Laubblättern** gegliedert. Die Sprossachse befindet sich aber oft als Erdspross (Wurzelstock) mit den davon ausgehenden **Wurzeln** im Erdboden.

1 ▸ Bau eines Farns

Die Laubblätter werden **Wedel** genannt. Sie sind einfach bis mehrfach gefiedert. Es gibt aber auch zungenförmige und geweihähnliche Wedel. Die Wedel der Farne besitzen eine Wachsschicht als Verdunstungsschutz. In den Laubblättern befindet sich wie bei den Moospflanzen der grüne Blattfarbstoff **Chlorophyll**.

Im Unterschied zu den Moosen wird das Wasser durch die Wurzeln aufgenommen und durch Gefäße bis in die Wedel transportiert. Die Wedel besitzen an ihrer Unterseite **Spaltöffnungen**, durch die Kohlenstoffdioxid aus der Luft aufgenommen wird. Bei Licht werden in den Wedeln aus Kohlenstoffdioxid und Wasser mithilfe des Chlorophylls Traubenzucker und Sauerstoff gebildet. Sauerstoff wird durch die Spaltöffnungen an die Umwelt abgegeben.

2 ▸ Königsfarn

Aus dem in den Wedeln gebildeten Traubenzucker entstehen weitere organische Stoffe, die zum Teil im **Wurzelstock** der Farne gespeichert werden. Die organischen Stoffe sind die Voraussetzung für das Wachstum der Farne. Farne bilden niemals Blüten und Samen aus. Sie pflanzen sich wie die Moospflanzen durch **Sporen** fort, die in **Sporenkapseln** auf der Unterseite der Wedel gebildet werden (s. S. 49).

M

Farne sind in Spross (Sprossachse und Blätter) und Wurzel gegliederte krautige, selten baumartige Pflanzen mit großen Blättern (Wedeln), auf deren Unterseite sich, häufchenweise angeordnet, Sporenkapseln mit Sporen befinden.

Fortpflanzung der Farne

Wenn man die Unterseite der Wedel betrachtet, kann man viele Häufchen mit Sporenkapseln finden. In diesen Kapseln reifen die Sporen heran. Sind sie reif, platzen die Kapseln auf und die Sporen fallen heraus. Finden sie einen günstigen Untergrund, keimen sie aus und wachsen zu einer kleinen, flach am Boden liegenden Pflanze heran, dem Vorkeim.

Auf dem Vorkeim bilden sich weibliche und männliche Fortpflanzungsorgane. Nach erfolgreicher Befruchtung der Eizelle durch die Samenzelle entwickelt sich eine neue Farnpflanze. Wir haben hier ähnlich wie bei Moospflanzen einen Generationswechsel.

1 ▸ Eingerollter Farnwedel

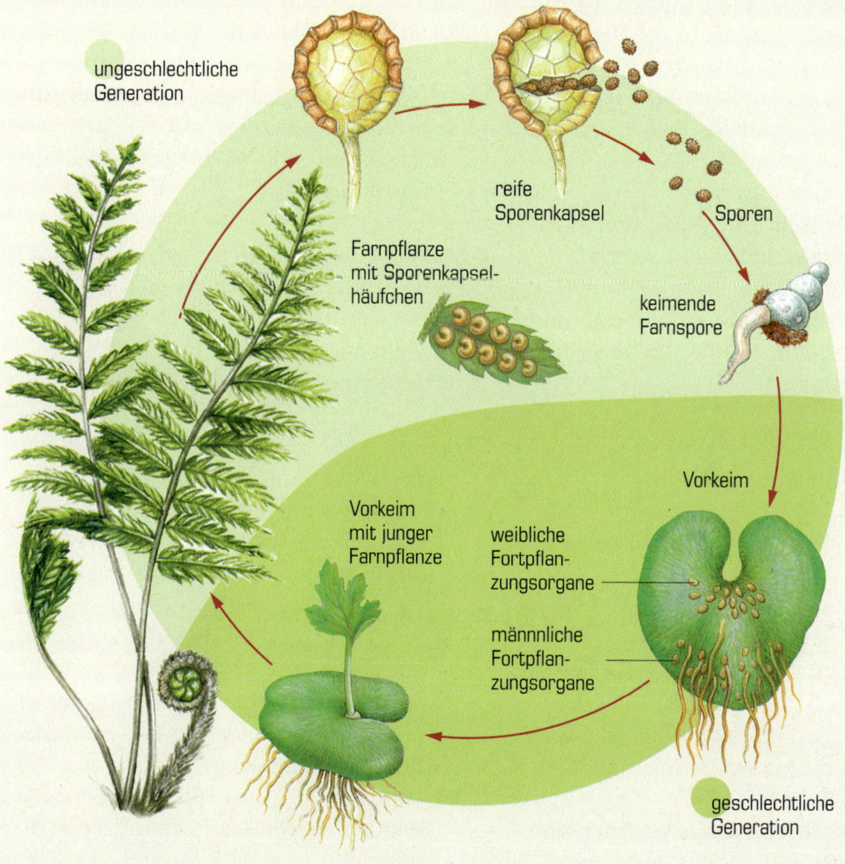

2 ▸ Generationswechsel bei der Fortpflanzung der Farne

gewusst · gekonnt

1. Die Hutpilze werden in zwei große Gruppen eingeteilt.

a) Betrachte die Hutunterseite der abgebildeten Pilze und beschreibe die Unterschiede.

b) Zu welchen beiden Gruppen der Hutpilze gehören die abgebildeten Pilze?

2. Pilze sind keine Pflanzen. Begründe die Aussage.

3. Pilze bilden keine Blüten und auch keine Samen aus. Beschreibe ihre Fortpflanzung.

4. Begründe, warum du giftige und ungenießbare Pilze nicht zerstören darfst.

5. Beim Pilzesammeln musst du bestimmte Regeln einhalten. Nenne und begründe einige Regeln.

6. Beschreibe den Bau einer Moospflanze. Nutze die Abbildung auf Seite 46.

7. Bei Moosen kann man folgende Beobachtungen machen:
In einem Moospolster stehen viele Pflanzen dicht beieinander.
Die Moosblättchen können sich kräuseln oder sich an das Stämmchen anlegen.
Welche Bedeutung haben diese Erscheinungen für die Moospflanze?

8. Untersuche die Wasserspeicherung eines Moospolsters.
Gehe dabei wie folgt vor:
- Lege ein Moospolster einige Stunden in ein Gefäß mit Wasser.
- Drücke das Wasser aus dem Moospolster über einem Messzylinder heraus.

- Ermittle, wie viel Wasser durch das Moospolster aufgenommen wurde.
- Werte das Untersuchungsergebnis aus.

9. Begründe die folgende Aussage:
Die Farne sind wie die Samenpflanzen in Wurzel und Spross gegliedert, sind aber keine Samenpflanzen.

10. Im Wurzelstock der Farne werden organische Stoffe gespeichert.
Welche Bedeutung haben die organischen Stoffe für den Farn?

11. Nenne einheimische Vertreter der Moos- und Farnpflanzen und gib an, wo sie vorkommen.

12. Moose und Farne waren die ersten Pflanzen an Land. Ihre Vorfahren mussten sich einer ganz neuen Umwelt anpassen.

a) Erkläre, wie Moose und Farne mit ihrem Bau und ihrer Fortpflanzung an das Landleben angepasst sind.

b) Begründe mithilfe der Informationen auf den Seiten 47 und 49, warum die Fortpflanzung der Farnpflanzen besser an das Landleben angepasst ist als die der Moospflanzen.

c) Begründe, warum die Fortpflanzung der Samenpflanzen noch besser angepasst ist.

Das Wichtigste auf einen Blick

Pilze, Moose, Farne

Pilze

Die Pilze sind einzellige (Hefepilze), meist aber mehrzellige Organismen (Hutpilze, Schimmelpilze) ohne Chlorophyll in den Zellen. Die Zellwand besteht aus Chitin. Die mehrzelligen Pilze bilden ein Pilzgeflecht und entwickeln Sporenträger mit Sporen.
Pilze ernähren sich von organischen Stoffen (z. B. Traubenzucker), die zu anorganischen Stoffen (z. B. Kohlenstoffdioxid, Wasser) abgebaut werden. Hutpilze pflanzen sich ungeschlechtlich durch Sporen fort.

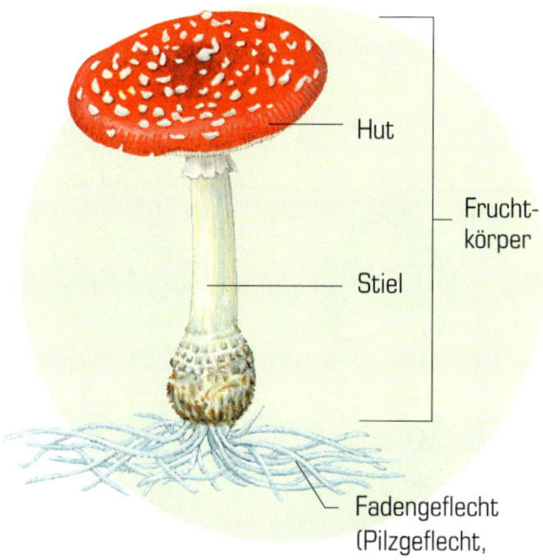

Laubmoose

Laubmoospflanzen bilden Moospolster und kommen auf dem Waldboden, an Baumstämmen, auf Dächern und Mauern vor.
Sie haben als Wasserspeicher und Torflieferanten eine große Bedeutung.

Farne

Farne sind im Boden durch Wurzelstock und Wurzeln verankert.
Sie nehmen Wasser durch Wurzeln auf und geben es durch die Öffnungen in den Laubblättern (Wedeln) ab.
In den Laubblättern werden Traubenzucker und weitere organische Stoffe gebildet und im Wurzelstock gespeichert.
Die Fortpflanzung erfolgt durch Sporen.

2.3 Wechselbeziehungen zwischen Lebewesen in der Lebensgemeinschaft Wald

Riesige Naturressource Wald ⏩ Der Wald ist Lebensraum für Tiere, Pflanzen und Pilze, auch Rückzugsgebiet für besonders gefährdete Arten.

Schutz wertvoller Kulturgüter ⏩ Die Wälder Sachsens (19 000 ha) beherbergen viele wertvolle Kulturgüter, darunter Hügelgräber, historische Grenzsteine, Wegekreuze.

Gefahren für den Wald ⏩ Schadinsekten fallen Jahr für Jahr über die Bäume des Waldes her. Ein besonders hartnäckiger Schädling ist der Buchdrucker. Der extrem warme und trockene Sommer im Jahr 2003 löste eine Massenvermehrung dieses Käfers aus. Die Fichtenbestände in Sachsen sind dadurch in großer Gefahr.

2

Beziehungen zwischen Pflanzen und Tieren des Waldes

Zwischen den Pflanzen und den in den Schichten des Waldes lebenden Tieren bestehen vielfältige **wechselseitige Beziehungen.**

Bäume und Sträucher, aber auch Blätter, Zweige und Äste der Pflanzen und auf dem Waldboden liegendes Pflanzenmaterial werden von den Tieren **zum Bau von Wohn- und Brutstätten** sowie zum **Herrichten von Lagerstätten** verwendet. In ihnen werden auch die Jungtiere aufgezogen.

Der *Buntspecht* beispielsweise legt seine Bruthöhle im Stamm alter Bäume, z. B. von Buchen und Kiefern, an. In ihr werden die Eier ausgebrütet und die Jungvögel aufgezogen.

Durch Insekten wie *Bienen, Hummeln, Schmetterlinge, Fliegen* erfolgt die **Blütenbestäubung** vieler im Wald wachsender Samenpflanzen. In den Blüten von Sträuchern finden z. B. Bienen und Schmetterlinge Nektar und Blütenstaub als **Nahrung.**

Auch viele Vögel ernähren sich von den Früchten der Pflanzen. Dabei tragen sie gleichzeitig zur **Samenverbreitung** bei. Denn die Vögel holen sich die Früchte, fliegen weiter, verlieren sie dabei häufig und verbreiten dadurch die Samen. Auch wenn sie die Früchte sofort fressen, werden die unverdauten Samen mit dem Kot an ganz anderen Stellen im Wald ausgeschieden. Finden die Samen Keimbedingungen vor, entwickeln sich Jungpflanzen.

Auch das *Eichhörnchen* trägt durch das Vergraben von Früchten und Samen, z. B. Eicheln, Walnüssen, zu deren Verbreitung bei.

Die Pflanzen und die Tiere im Lebensraum Wald bilden eine **Lebensgemeinschaft.**

Lebensgemeinschaft ist eine Bezeichnung für das Zusammenleben von Pflanzen und Tieren, die sich gegenseitig beeinflussen und voneinander abhängig sind.

1 ▸ Wildschwein
2 ▸ Waldameise

3 ▸ Amsel
4 ▸ Siebenschläfer

Eichhörnchen sind in Wäldern und Parks häufig anzutreffen. Sie werden schnell zutraulich und lassen sich füttern. Ist das Nahrungsangebot gering, z.B. in Jahren mit wenig Baumfrüchten, sinken die Eichhörnchenbestände stark ab.

Nahrungsbeziehungen

Die gegenseitige Beeinflussung sowie die Abhängigkeit zwischen Pflanzen und Tieren im Wald zeigen sich besonders deutlich an der Lebenserscheinung **Ernährung.**

Die **Pflanzen** ernähren sich u. a. von Wasser und Mineralstoffen aus dem Waldboden. Die **Tiere** ernähren sich in unterschiedlicher Weise. *Maikäfer* und viele Raupen beispielsweise fressen Laubblätter der Buchen und Eichen. *Rehwild* ernährt sich von Kräutern, jungen Trieben, Laubblättern und der Rinde junger Bäume. Diese Tiere nehmen pflanzliche Nahrung auf. Sie sind **Pflanzenfresser.**

Andere Tiere nehmen tierische Nahrung zu sich. Der *Buntspecht* holt unter der Baumrinde *Borkenkäfer* als Nahrung hervor. Der *Fuchs* erbeutet Wildkaninchen. Tiere, die sich von anderen Tieren ernähren, sind **Fleischfresser.**

Eine dritte Gruppe ernährt sich sowohl von pflanzlicher als auch von tierischer Nahrung. Das sind **Allesfresser.** Dazu gehört z. B. das *Wildschwein.*

Eine große Vielfalt solcher Nahrungsbeziehungen formt die **Lebensgemeinschaft Wald.** Eine einfache **Nahrungsbeziehung** zwischen Pflanze, Pflanzenfresser und Fleischfresser wird von Biologen als **Nahrungskette** (Abb. 1) bezeichnet. Pflanzen sind hierbei Ausgangsglieder von Nahrungsketten. Als nächste Glieder folgen dann die Pflanzenfresser und die Fleischfresser. Die Lebewesen werden also in der Reihenfolge des „Fressens und Gefressenwerdens“ angeordnet. Dabei werden oftmals die ersten Fleischfresser von weiteren Fleischfressern als Nahrung verzehrt. Beispielsweise frisst der *Borkenkäfer* Gänge in die Rinde von Fichten. Er wird vom *Specht* gefressen. Dieser wiederum ist Beute für den *Habicht.*

Pflanzen fressende und Fleisch fressende Tiere verwerten meist verschiedene Nahrungsquellen. So ernährt sich das *Eichhörnchen* sowohl von Walnüssen, Eicheln und Haselnüssen als auch von Kleintieren, Jungvögeln, Vogeleiern und Pilzen.

Der *Habicht* jagt das *Eichhörnchen* wie auch den *Buntspecht,* die *Kohlmeise* und die *Waldmaus.* Die einzelnen Nahrungsketten einer Lebensgemeinschaft sind so an vielen Gliedern miteinander verbunden. Sie bilden **Nahrungsnetze** (s. S. 55, Abb. 1).

In der Lebensgemeinschaft Wald gibt es eine Vielzahl von Nahrungsbeziehungen. Diese lassen sich in Nahrungsketten und Nahrungsnetzen erfassen.

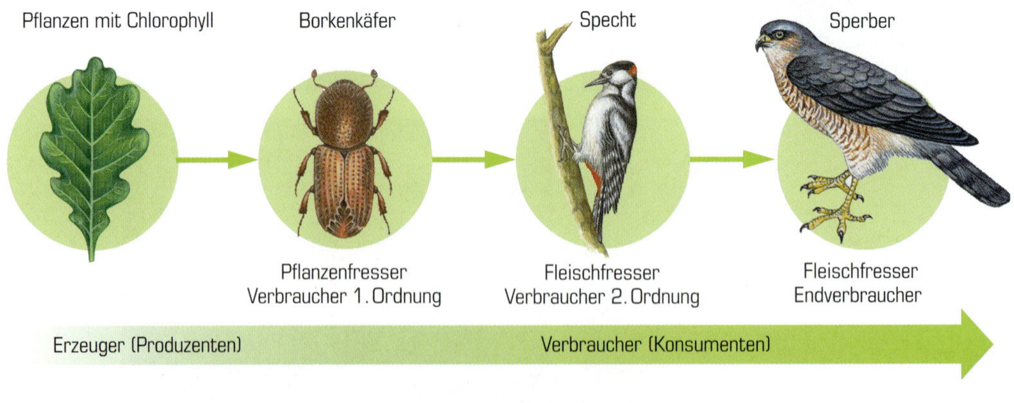

1 ▸ Nahrungskette in der Lebensgemeinschaft Wald (→ bedeutet: wird gefressen)

2

1 ▸
Ausschnitt aus einem Nahrungsnetzwerk im Mischwald

Erschließungsfeld

Wechselwirkung am Beispiel der Räuber-Beute-Beziehungen

In einem Wald gibt es eine enorme Vielfalt von Tieren. Man findet unzählige Mikroorganismen, Würmer, Schnecken, Ameisen und Spinnen in der Laubstreu, Käfer, Fliegen, Vögel, Kleinsäuger, Rehe, Füchse, Wildschweine und Marder in den verschiedenen Schichten des Waldes. Besonders zahlreich im Wald sind Vögel und Insekten. Auch Borkenkäfer (z. B. Buchdrucker) sind ein wesentlicher Bestandteil der Lebensgemeinschaft Wald.

1. Stelle mithilfe der Angaben im Text ein Nahrungsnetz des Waldes schematisch dar.
2. Erstelle mit folgenden Schwerpunkten einen „Steckbrief" zum Borkenkäfer: Bau, Wirtsbäume/Brutmaterial, Vermehrung/Entwicklung.

Die Anzahl der Borkenkäfer im Wald wird durch folgende Faktoren geregelt: Witterung, Angebot an Brutmaterial, Widerstandskraft der Wirtsbäume und natürliche Feinde, wie der Buntspecht. Fördernd auf die Entwicklung des Borkenkäfers wirken vor allem warm-trockene Sommer und ein hoher Anteil an Schneebruch- oder Sturmwurfholz. Die Wechselwirkungen zwischen Klimafaktoren – Borkenkäfer – Buntspecht sind im folgenden Regelschema ersichtlich.

3. Vervollständige den Lückentext in der Abbildung und erkläre diese Wechselwirkungen.

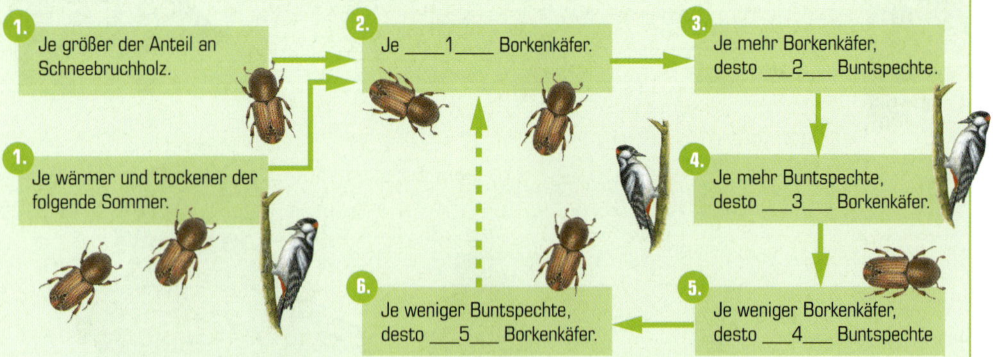

4. Wie funktionieren „Borkenkäfer-Fallen" und mit welchem Ziel werden diese eingesetzt?

Zusammenfassung:
Wechselwirkungen sind Kennzeichen in allen Lebensräumen und drücken sich immer aus in Ursache – Wirkung – Rückwirkung.

2

Bedeutung der Wälder

Große Bedeutung hat der Wald als **Lebensraum** für Pflanzen und Tiere und für die **Gesundheit des Menschen.**

Er speichert Wasser in den Pflanzen und im Boden und sichert unsere **Trinkwasserversorgung.**

Der Wald **„reinigt" die Luft.** Die Staubteilchen der Luft setzen sich an den Blättern ab. Sie werden vom Regen abgespült.

Der Wald **schützt vor Lärm.** Er **bewahrt den Boden vor Abtragung** durch Wasser und Wind (Erosion, Abb. 2). Die Pflanzen halten mit ihren Wurzeln den Boden fest, so dass er nicht vom Wind fortgeweht und von starken Regenfällen weggespült werden kann. Der Wald **wirkt auch ausgleichend auf das Klima.** Durch die Blätter der Waldpflanzen verdunstet viel Wasser. Dadurch wird die Luftfeuchtigkeit erhöht. Besonders an heißen und sonnigen Tagen wirkt ein Wald angenehm kühl.

Der Wald dient dem **Artenschutz**. Seltene Pflanzen und Tiere des Waldes wurden unter Naturschutz gestellt. Zu den naturgeschützten Pflanzen gehören u. a. *Leberblümchen* (Abb. 1), *Hohe Schlüsselblume,* zu den Tieren *Eulenvögel, Siebenschläfer.*

Einige Wälder wurden vom Staat zu Naturschutz- bzw. Landschaftsschutzgebieten erklärt. Sie unterliegen besonderen Schutzmaßnahmen.

Wälder haben aber auch eine wichtige **wirtschaftliche Bedeutung.** Sie liefern den ständig nachwachsenden Rohstoff Holz. Die Produktion von Holz ist eine Rohstoffbasis für die Holz- und Papierwirtschaft. Besucher des Waldes nutzen ihn zur **Erholung.** Sie genießen in diesem Lebensraum die Ruhe und die kühle, staubfreie Luft, erfreuen sich an den dort vorkommenden Pflanzen und Tieren.

1 ▸ Leberblümchen (geschützt)

2 ▸ Schäden durch Erosion

Gefahren für den Wald – Waldschäden in Sachsen

Der Wald ist Bestandteil unserer Umwelt und durch verschiedene Einflüsse gefährdet. Mögliche Gefahren, die dem Wald drohen, kann man in zwei große Gruppen einteilen:

- Lebewesen, z. B. Insekten, Wild oder Mäuse (biotische Schäden)
- Witterung und Schadstoffeinträge (abiotische Schäden).

Vom Juni 2003 bis zum Mai 2004 vermehrten sich die Borkenkäfer in Sachsen so stark, dass sie mehr als 300 000 Bäume (126 000 Kubikmeter Holz, vor allem Fichte) vernichteten.

1 ▸ Borkenkäfer

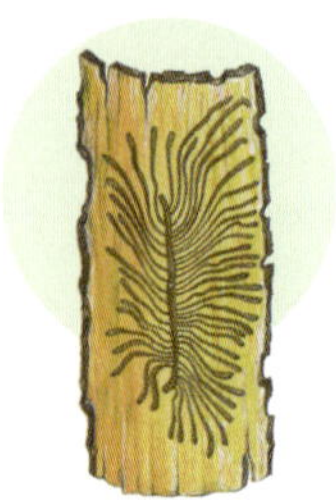

Schäden durch Lebewesen

Lebewesen können im Wald große Schäden anrichten. Zum Beispiel schwächt das massenhafte Auftreten von **Schadinsekten** die Bäume, oft sterben sie sogar ab. Die Larven von *Borkenkäfer* (Abb. 1) und *Kiefernprachtkäfer* fressen nämlich unter der Rinde Gänge. Dadurch wird die Wasser- und Nährstoffversorgung des Baumes unterbrochen (Abb. 2).

Die Raupen der *Nonne* fressen Blätter und Nadeln, so dass der Baum nicht mehr oder nur eingeschränkt zum Stoffwechsel (Fotosynthese) fähig ist. Da sich die *Nonne* im Nordosten Sachsens 2004 sehr stark vermehrte musste man sie chemisch bekämpfen.

Auch **überhöhte Wildbestände** stellen eine Gefahr für den Wald dar. Sie behindern die Verjüngung des Waldes. *Reh-, Rot-, Dam-* und *Muffelwild,* aber auch Hasen verbeißen Knospen und Triebe an jungen Waldbäumen. An älteren Bäumen kann es durch Rot-, Dam- und Muffelwild zum Abschälen der Rinde kommen (Abb. 3). Der Mensch greift hier durch die Jagd regulierend ein.

Schäden durch extreme Witterungsverhältnisse und Schadstoffeinträge

Auch durch **Brände** ist der sächsische Wald stark gefährdet. In den meisten Fällen ist *menschliches Verhalten,* am häufigsten Rauchen oder sorgloser Umgang mit Feuer, für die Entstehung von Waldbränden verantwortlich. Aber auch *Blitzschlag* und *heiße Abgasanlagen* von im Wald abgestellten Fahrzeugen können Waldbrände verursachen.

Um **Waldbrände** möglichst früh zu erkennen oder gar zu verhindern, werden die sächsischen Wälder flächendeckend überwacht. 26 Feuerwachtürme sind dazu im ganzen Land verteilt.

Außerdem werden je nach Witterung und Gefährdungssituation **Waldbrandwarnstufen** (I bis IV) ausgerufen. Entsprechend der festgelegten Warnstufe treten Maßnahmen des vorbeugenden Brandschutzes in Kraft, wie z. B. Information der Bevölkerung, Besetzung von Feuerwachtürmen oder das Betretensverbot für einige Wälder.

2 ▸ Borkenkäferfraß

3 ▸ Schälschäden an einem Baum

1 ▸ Waldsterben

Schäden rufen unter anderem auch starke **Stürme** und die **Last von nassem Schnee** hervor, es kommt dadurch besonders in gleichaltrigen Nadelwäldern zu Wind- und Schneebruch.

Einen großen Anteil an dem schlechten Zustand der Wälder haben die hohen **Schadstoffeinträge** aus der Luft. Sie werden hervorgerufen durch menschliche Tätigkeit, durch Industrie und Verkehr. Hauptschadstoffe sind vor allem schwefel- und stickstoffhaltige Stoffe. Sie entstehen hauptsächlich bei der Verbrennung von Braunkohle und Öl und führen zum großflächigen Absterben der Fichtenwälder in den Hoch- und Kammlagen des Erzgebirges.

Seit 1992 kann man einen Rückgang der Schwefeleinträge verzeichnen. Aber der Anteil anderer Stoffe, die den Wald belasten, hat zugenommen. Das sind vor allem *Stickstoffverbindungen, Ozon* und *Ammonium.* Diese Schadstoffe entstehen z. B. bei der Strom- und Wärmeerzeugung in Kraftwerken, bei der Verbrennung von Kraftstoffen in Autos und bei der Tierhaltung in der Landwirtschaft.

Diese sog. **„neuartigen Waldschäden"** sind sehr bedrohlich. Nadeln und Laubblätter vergilben, sie werden dabei zu großen Teilen abgeworfen. Der Verlust vieler Nadeln bzw. Blätter schränkt die Ernährung der Bäume ein und verringert deren Widerstandskraft gegenüber Hitze, Frost und Krankheitserregern.

Luftschadstoffe dringen auch mit dem Regen („saurer Regen") in den Waldboden ein und schädigen die Wurzeln. Die Aufnahme von Nährstoffen aus dem Boden wird erschwert und die Standfestigkeit der Bäume geschwächt. Dauert dieser Zustand über längere Zeit an, sterben die Bäume ab (Abb. 1).

In Sachsen wurden 2003 an jeder siebenten Fichte deutliche Schäden festgestellt. Etwas geringer sind die Schäden an Kiefern. Bei den **Laubbäumen** zeigt jede dritte Buche deutliche Schäden. Die Eichen sind am meisten betroffen, hier ist nahezu jeder zweite Baum geschädigt.

Zur **Erhaltung der Wälder** muss die Schadstoffbelastung der Luft deutlich verringert werden. Dazu trägt die Ausrüstung von Autos mit Katalysatoren ebenso bei wie Filter in Schornsteinen von Industrieanlagen. Auch die Förderung des öffentlichen Personennahverkehrs hilft beim Vermindern der Luftverunreinigungen.

Als Wild werden alle Tierarten bezeichnet, die dem Jagdrecht unterliegen. Rotwild ist am verbreitetsten in Deutschland. Als Muffelwild wird eine Wildschafart, als Schwarzwild werden Wildschweine bezeichnet.

Erhaltung und Schutz der Wälder

Zur **Wiederaufforstung** von Schadflächen in den sächsischen Mittelgebirgen werden ganz bestimmte Baumarten ausgewählt. Sie müssen das raue Gebirgsklima aushalten, auf kargen Böden wachsen und die vorhandene Luftbelastung ertragen. Durch die Technische Universität Dresden werden deshalb auf einem Prüffeld im Tharandter Wald die Wirkungen von Luftschadstoffen auf verschiedene Baumarten genau untersucht.

Scheinbar ist der Luchs wieder nach Sachsen zurückgekehrt. Im Winter wurden Spuren der größten heimischen Wildkatze gefunden, vor allem in der Sächsischen Schweiz, im Vogtland, im Osterzgebirge und dem Westlausitzer Bergland. Der Luchs steht nach wie vor in der Roten Liste der ausgestorbenen bzw. verschollenen Tiere.

Früher wurden in den sächsischen Mittelgebirgen auf geräumten Schadflächen besonders Lärchen angepflanzt. Sie sind sehr widerstandsfähig gegenüber dem rauen Klima, haben stark entwickelte Wurzeln und erneuern jährlich ihre Nadeln. 1992 wurde damit begonnen, die früher im Gebirge beheimateten Baumarten *Buche, Fichte, Weiß-Tanne, Berg-Ahorn* und *Gemeine Kiefer* wieder anzupflanzen. Durch diesen **Waldumbau** sollen anstelle der bisherigen Fichtenforste naturnahe und dauerhafte Mischwälder aus überwiegend heimischen Baumarten entstehen.

Die Erhaltung der sächsischen Wälder wird auch durch **Kalkung der Böden** (Abb. 1) unterstützt. Die Versauerungserscheinungen in den Waldböden werden gemindert und damit die Lebensbedingungen für die Baumwurzeln verbessert.

Wälder sollen dem **Artenschutz** dienen. Dazu ist es notwendig, dass sie vielfältige Lebensräume für Pflanzen, Tiere und Pilze bieten. Das erreicht man u.a. durch Verzicht auf Kahlschläge und das Belassen von Altbäumen und abgestorbenen Bäumen (Totholz) im Wald.

Ein wichtiges Anliegen der **Waldbewirtschaftung** ist die Bewahrung und Erhöhung der Vielfalt und Eigenart der Wälder.

1 ▸ Kalkung der Wälder

2

Besonders Waldgesellschaften wie Auenwälder und Eichen- sowie andere Laubmischwälder müssen aufgrund ihrer Struktur und Mischung sowie ihres Artenreichtums erhalten bleiben.

Eine besonders wichtige Rolle spielt der Wald bei der **Vermeidung und Minderung von Hochwasser.**
Im Wald wird das Wasser von Niederschlägen lange gespeichert. Die Fließgeschwindigkeit des Wassers wird außerdem gemindert und gleichzeitig wird der Boden vor Erosion geschützt. Unter anderem deshalb ist die Waldmehrung ein Ziel der sächsischen Forstwirtschaft.

Das Holz der Wäldern wird umweltschonend genutzt. Dabei ist das „**Prinzip der Nachhaltigkeit**" zu wahren. Es ist eine altbewährte Verhaltensnorm der Forstwirtschaft für den verantwortungsbewussten Umgang mit dem Wald. Nachhaltigkeit heißt:

- Den Wäldern wird nur so viel Holz entnommen wie nachwächst.
- Frei gewordene Flächen sind durch natürliche Verjüngung oder Pflanzung wieder zu bewalden.
- Die Wälder sind im Einklang mit der Natur zu bewirtschaften.

Die **Bedürfnisse auch nachfolgender Generationen** sind bei der Bewirtschaftung der Wälder stets zu berücksichtigen.

Jeder **Einzelne** kann mithelfen, den Wald zu erhalten und zu schützen. Für das Verhalten im Wald ist das Einhalten von „fünf Waldgeboten" notwendig:

- Immer auf den Wegen bleiben!
- Kein Feuer anzünden!
- Keinen Lärm machen!
- Abfälle stets wieder mitnehmen!
- Bäume, Sträucher und Kräuter nicht beschädigen!

2 ▸ Hirschkäfer

Bis zum Ende des 19. Jahrhunderts war der Hirschkäfer in Sachsen weit verbreitet. Heute findet man ihn sehr selten. Ursache dafür ist u.a. die Flurbereinigung. Durch das Entfernen toter Hölzer wurden dem Käfer notwendige Nahrungs- und Lebensräume entzogen.

1 ▸ Damhirsch

gewusst · gekonnt

1. In welchen Schichten des Waldes leben folgende Tiere: Rote Waldameise, Buntspecht, Reh, Waldkauz, Eichhörnchen, Habicht?

2. Welchen Tieren dienen die Samen in den Zapfen von Nadelbäumen als Nahrung?

3. Nenne Tierarten, die Beutetiere für Waldkauz und Buntspecht darstellen.

4. In den Forsten wird die Ansiedlung der Roten Waldameise gefördert. Wie lässt sich das erklären?

5. Liste wechselseitige Beziehungen zwischen Pflanzen und Tieren der Lebensgemeinschaft Wald auf und erläutere diese.

6. An einer bzw. von einer Stiel-Eiche können über 400 Tierarten leben. Am Götterbaum leben so gut wie keine Tierarten. Er wurde aus Zentralchina eingeschleppt und breitet sich vor allem in Großstädten wie Leipzig aus.
   a) Begründe diese Erscheinung. Denke dabei an die über Jahrtausende entstandenen Beziehung zwischen Pflanzen- und Tierarten.
   b) Ziehe Schlussfolgerungen für die Gestaltung von Parkanlagen, die auch dem Schutz einheimischer Arten dienen.

7. Stelle Nahrungsketten des Waldes auf. Verwende dazu die Namen folgender Organismen:
   Eichhörnchen, Mäusebussard, Sperber, Eichenwicklerraupe, Eichel, Fichte, Specht, Kohlmeise, Eichenblätter, Borkenkäfer und Baummarder.

8. Erkläre an Beispielen, dass der Wald eine Lebensgemeinschaft ist.

9. Ordne die Namen folgender Lebewesen in die Gruppen der Pflanzenfresser und Fleischfresser ein: Mäusebussard, Wildkaninchen, Eichhörnchen, Fuchs, Ringeltaube, Habicht.

10. Stelle eine Nahrungskette irgendeiner Lebensgemeinschaft mit etwa fünf Gliedern auf. Ergänze sie gegebenenfalls zum Nahrungsnetz.

11. Schau dir das Diagramm einer Räuber-Beute-Beziehung an.
   a) Beschreibe, wie die Zahl der Beutetiere die der Räuber beeinflusst.
   b) Wieso dürfen nicht zu viele Räuber in einem Gebiet leben?
   c) Was würde passieren, wenn es keine Räuber in einem Gebiet gäbe?

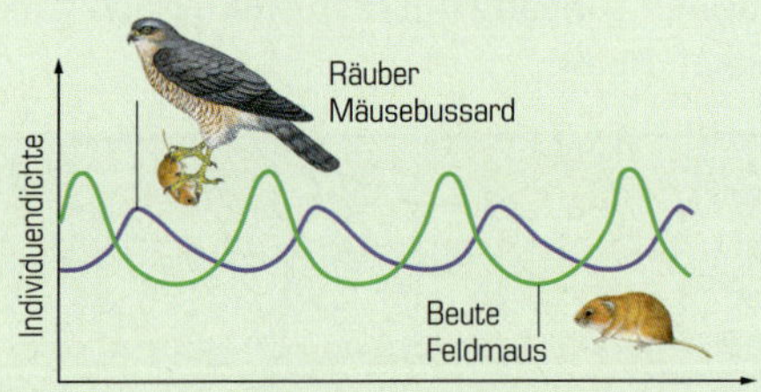

12. Welche Bedeutung haben Wälder für die Umwelt und für den Menschen?

13. Erläutere den Zusammenhang zwischen der Einsparung von Energie in Industrie und Haushalt und dem Zustand der Wälder.

14. Nenne und begründe Maßnahmen für den Schutz der Wälder. Wie kannst du selbst zum Schutz des Waldes beitragen?

15. Informiere dich im Internet oder bei einem Forstbeamten über Maßnahmen zur Erhaltung und zum Schutz des Waldes. Berichte im Biologieunterricht über deine Ergebnisse.

2

Das Wichtigste auf einen Blick

Der Wald hat eine große Bedeutung für alle Lebewesen. Er ist Lebensraum für viele Organismen. Für den Menschen spielt er eine große Rolle:

- als Wasserspeicher und Trinkwasserreservoir
- als Erholungsort und Schutz gegen Lärm
- bei der Holzgewinnung
- in der Beeinflussung der Luftfeuchtigkeit
- beim Schutz des Bodens gegen Austrocknung und Erosion

Zwischen den Bewohnern des Waldes gibt es enge Wechselbeziehungen, z. B. Nahrungsbeziehungen.

Nahrungskette im Wald

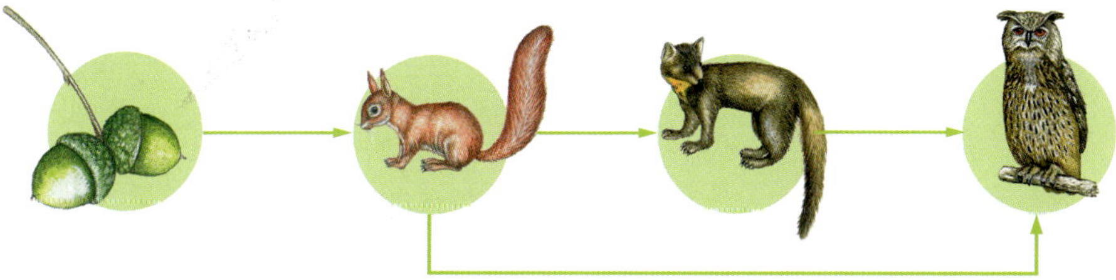

Gefahren für den Wald bestehen u. a. durch Schadinsekten, Waldbrände und Stürme. Durch Eingriffe des Menschen wird die Zusammensetzung der Lebensgemeinschaft Wald, sein ökologisches Gleichgewicht, verändert.

Eingriffe des Menschen (Auswahl)

Luftverunreinigung

Kahlschlag

Waldumbau

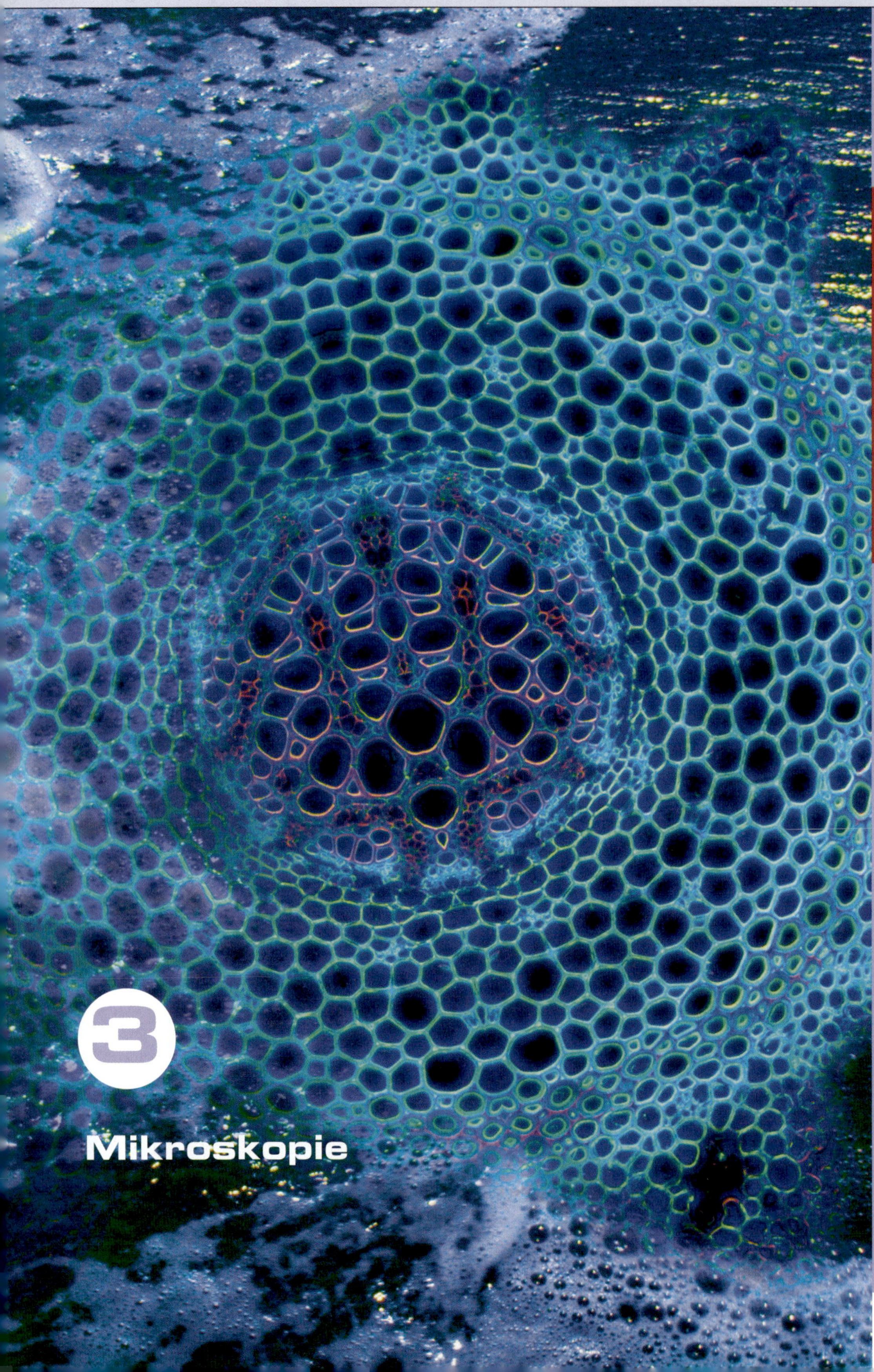

3 Mikroskopie

Kleine Dinge kommen groß raus

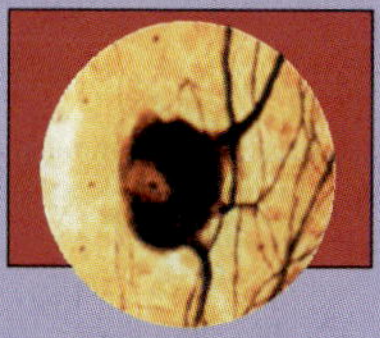

Mehr Lebewesen im Mund als Menschen in den Niederlanden ►► 1683 verblüffte ein holländischer Tuchhändler die Leser der Royal Society of London mit eben dieser Feststellung. ANTONY VAN LEEUWENHOEK hatte sich nämlich ein Mikroskop nach seinen Vorstellungen gebaut und damit den Zahnbelag eines Jungen betrachtet. Dabei hatte er viele winzig kleine Lebewesen gesehen.

Kleine Dinge kommen groß raus ►► Lupen und Mikroskope sind heute unentbehrliche Hilfsmittel für den Forscher, aber auch für Schüler. Mikroskope sind wertvolle und empfindliche Geräte.

Pollen sichtbar gemacht ►► Der Blütenstaub der Samenpflanzen – auch Pollen genannt – ist winzig klein. Die Größe der mit dem Wind getragenen Pollen schwankt je nach Pflanzenart zwischen 5 und 30 Tausendstel Millimeter.

Aufbau des Lichtmikroskops und seine Handhabung

Lichtmikroskope heißen deshalb so, weil sie meistens nur dann ein Bild ergeben, wenn das zu untersuchende Objekt lichtdurchlässig ist.

Lupen und Mikroskope sind unentbehrliche Hilfsmittel im Biologieunterricht, um kleine Objekte (Prozesse) betrachten und untersuchen zu können. In der Schule werden vorwiegend Lichtmikroskope (Abb. 1) genutzt.

Für die Betrachtung der Objekte mithilfe von Lichtmikroskopen sind Glaslinsen zuständig. Im **Okular,** der dem Auge zugewandten Teil des Mikroskops, ist eine Linse, die das Bild des betrachteten Objekts um das 5- bis 24fache vergrößert.

Im **Objektivrevolver** (nicht bei allen Lichtmikroskopen vorhanden) befinden sich meist drei **Objektive.** Diese enthalten ebenfalls Linsen.

Der **Tubus** verbindet Okular und Objektiv miteinander.

Der **Objekttisch** trägt das zu untersuchende Objekt (z. B. in einem Präparat). Durch eine kleine Öffnung im Tisch wird das Objekt von unten beleuchtet.

Mit der **Blende** wird die passende Helligkeit für das Objekt eingestellt. Je kleiner die Blende, desto dunkler, aber auch schärfer wird das Bild.

Mit dem **Triebrad** wird die Schärfe des Bildes eingestellt. Es gibt einen Grob- und einen Feintrieb.

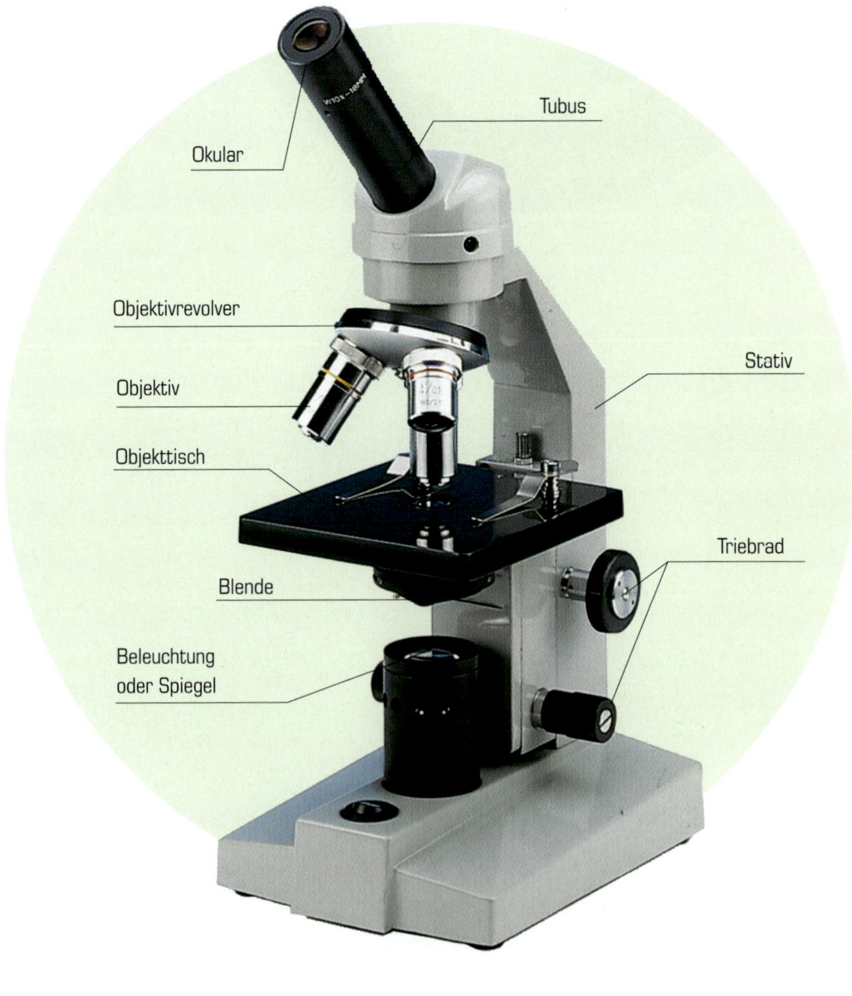

1 ▸ Das Lichtmikroskop und seine Bestandteile

Methoden

Wie mikroskopiere ich Objekte?

Durch das Lichtmikroskop erfolgt eine Vergrößerung des Objektbildes. Es kommt ein Bild zustande, das das Objekt, z. B. ein Haar, bis über das 2 000fache vergrößert zeigt. Um ein Objekt so vergrößert mit dem Mikroskop betrachten zu können, muss man das Mikroskop sachgerecht handhaben und eine bestimmte Schrittfolge einhalten.

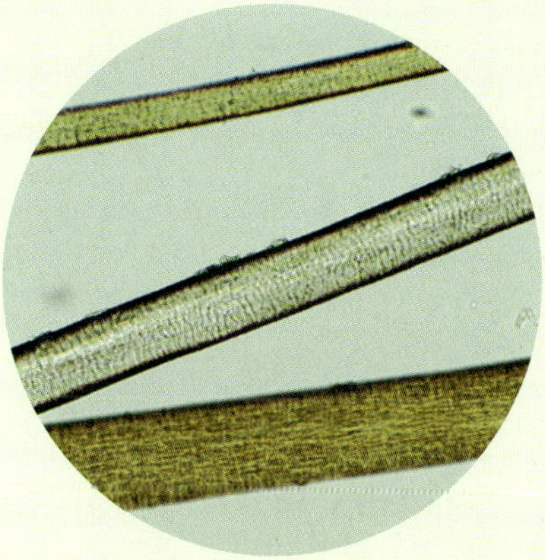

1 ▸ Menschenhaar – mithilfe des Mikroskops betrachtet

Aufgabe

Betrachte ein Haar mithilfe des Mikroskops. Lege dazu ein Haar auf einen Objektträger und klemme ihn auf dem Objekttisch fest.

Schritt 1

Einstellen der Vergrößerung

Stelle zunächst die kleinste Vergrößerung und die Lampe ein.

Schritt 2

Scharfstellen des Bildes

Drehe den Tubus mit dem Grobtrieb bis auf etwa zwei Millimeter an dein Präparat heran (s. Abb. a). Sieh durch das Okular und drehe den Tubus langsam nach oben. Erscheint ein scharfes Bild, reguliere mit dem Feintrieb nach (s. Abb. b).

Schritt 3

Einstellen der nächsten Vergrößerung

Wenn du die nächste Vergrößerung nutzen willst, musst du zuerst den Objekttisch nach unten drehen. Dann kannst du ein anderes Objektiv wählen.
Beginne wieder mit Schritt 2.

Schritt 4

Fehlersuche

Wenn du nichts sehen kannst, prüfe, ob dein Präparat genau über der Lichtöffnung im Objekttisch liegt. Wiederhole dann die Schritte 1 bis 3.

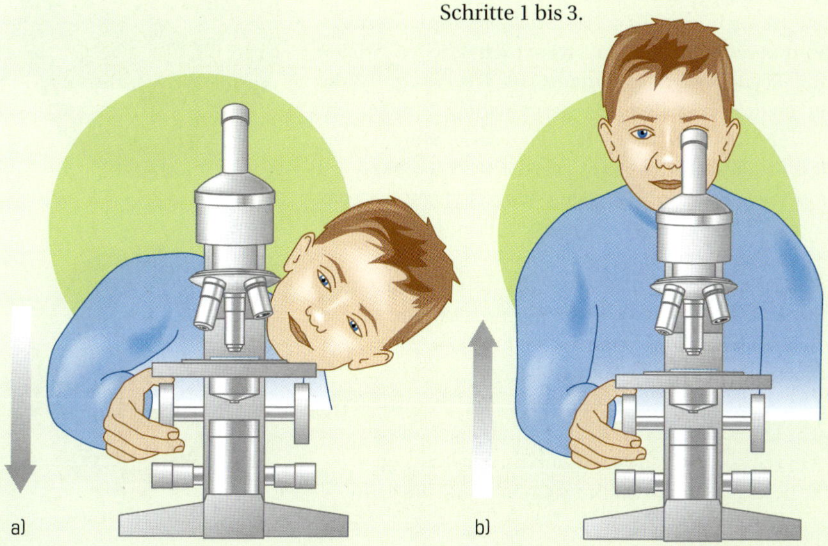

Geschichte der Mikroskopie	
Jahrhundert	**Wissenschaftliche Leistung**
13. Jahrhundert	ROGER BACON, englischer Mönch, ihm gelingt es, Glaslinsen für Brillen zu schleifen. Die Kunst des Glasschleifens war eine wichtige Voraussetzung für die Erfindung des Mikroskops. Mode war es zur damaligen Zeit, ein „Flohglas“ bei sich zu tragen. Dabei handelte es sich um ein Metallrohr, so groß wie ein Daumen, mit einer Linse am Ende.  ROGER BACON
16.Jahrhundert	ZACCHARIAS JANSSEN, holländischer Brillenmacher, entdeckte um 1590, dass alles, was er durch zwei Linsen hintereinander betrachtete, vergrößert erschien. Er verfolgte seine Entdeckung aber nicht weiter. GALILEO GALILEI, italienischer Naturforscher, verbesserte das von Janssen erfundene Gerät und untersuchte damit die Augen von Insekten.  GALILEO GALILEI
17. Jahrhundert	ANTONY VAN LEEUWENHOEK, holländischer Tuchhändler, baute ein „Mikroskop“ nach seinen Vorstellungen und untersuchte damit die verschiedensten Dinge. Ihn interessierte der Aufbau von Samen, Früchten, Blüten, aber auch von Läusen und Augen verschiedener Tiere. Er gehörte zu den ersten, die die mikroskopischen Objekte genau aufzeichneten und beschrieben. Seine Aufzeichnungen veröffentlichte er in wissenschaftlichen Briefen an die ***Royal Society of London***. 1683 verblüffte er die Leser mit der Feststellung, dass es in seinem Munde mehr Lebewesen als Menschen in den Niederlanden gäbe. Grund für diese Behauptung war die Untersuchung des Zahnbelages eines achtjährigen Jungen. LEEUWENHOEK hatte somit als Erster jene Lebewesen entdeckt, die wir heute als Bakterien bezeichnen. Da er die Kunst des Linsenschleifens als sein Geheimnis hütete, konnten Bakterien erst wieder im 19. Jahrhundert beobachtet werden, als man die Technik des Mikroskopbaus besser beherrschte.  ANTONY VAN LEEUWENHOEK ROBERT HOOKE, englischer Wissenschaftler, entdeckte mit seinem selbst gebauten Mikroskop im Jahr 1667, dass Kork aus kleinen voneinander getrennten „Schachteln“ oder Zellen besteht. 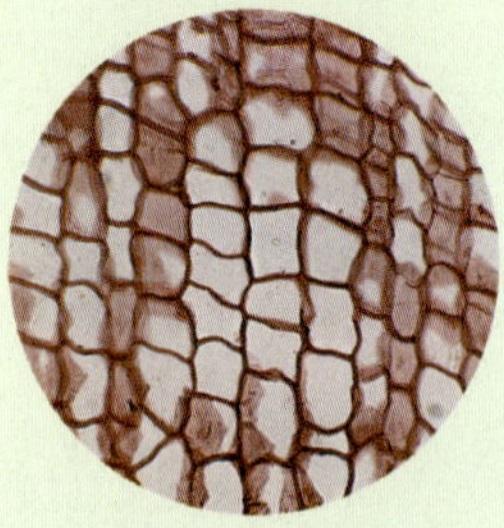 Flaschenkorkzellen

3

Geschichte der Mikroskopie	
Jahrhundert	**Wissenschaftliche Leistung**
18./19. Jahrhundert	**Matthias Jakob Schleiden** und **Theodor Schwann,** deutsche Wissenschaftler, begründeten zusammen die Zelltheorie: Sie gingen davon aus, dass Zellen die Grundbausteine aller Pflanzen und Tiere sind. Ein Studium der Natur ohne mikroskopische Untersuchungen war für sie undenkbar. Nicht alle Wissenschaftler teilten ihre Ansicht. Einige vertraten die Auffassung, dass es auch ohne Mikroskop noch genügend zu entdecken gäbe. Dies hielt die kleinen Werkstätten aber nicht davon ab, ihre Mikroskope weiter zu verbessern.  Theodor Schwann **Robert Koch**, deutscher Bakteriologe, entdeckte 1882 mithilfe des Mikroskops die stäbchenförmigen Tuberkelbakterien, die Erreger der Tuberkulose, einer damals gefährlichen Infektionskrankheit, gegen die heutzutage geimpft wird. Es entstanden Unternehmen zur Herstellung mechanisch-optischer Geräte. Zu den bekanntesten gehört der 1846 in Jena eingerichtete Betrieb von Carl Zeiss.  Robert Koch **Ernst Abbe**, deutscher Physiker, begann dort die wissenschaftlichen Grundlagen für den Bau der Mikroskope zu erarbeiten. Man produzierte Lichtmikroskope, deren Vergrößerung darauf beruht, dass Licht vom Präparat durch zwei Glaslinsen dringt, die Objektivlinse und das Okular.
20. Jahrhundert	**Ernst Ruska** und **Max Knoll** entwickelten zusammen das erste Elektronenmikroskop. Es funktioniert nach einem ähnlichen Prinzip wie das Lichtmikroskop. Allerdings wird der Lichtstrahl durch einen Elektronenstrahl und die optischen Linsen werden durch elektromagnetische Linsen ersetzt.  Transmissionselektronenmikroskop
21. Jahrhundert	Weitere Entwicklung und Verbesserung der Elektronenmikroskope. Durch neue, sog. **Rastertunnelelektronenmikroskope**, können sogar Atome betrachtet werden. Dabei ist es so, dass das Rastertunnelelektronenmikroskop die Atome nicht „sieht", sondern „fühlt". Durch die Entwicklung des Rastertunnelelektronenmikroskops und ähnlicher Mikroskope ist es möglich geworden, in Bereichen von einem Millionstel Millimeter Dinge zu betrachten, zu bearbeiten oder herzustellen. 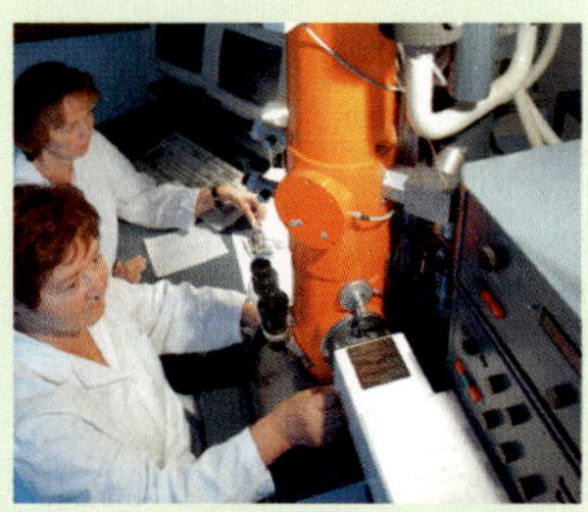 Rastertunnelelektronenmikroskop

Mikropräparate und ihre Herstellung

Objekte, die mit einem Mikroskop betrachtet werden sollen, müssen meist erst dafür hergerichtet werden. Es muss ein Mikropräparat hergestellt werden.
Ein Mikropräparat besteht aus dem Objektträger, dem Objekt, oftmals einem Einschlussmittel (z. B. Wasser) und einem Deckgläschen.

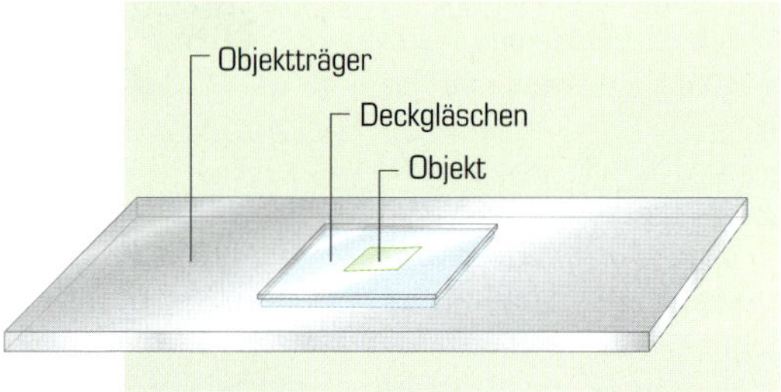

Wenn man Objekte mithilfe eines Mikroskops betrachten will, müssen sie lichtdurchlässig sein. Bei vielen trockenen Objekten (z. B. Blütenstaub, Fischschuppen, Haare, Flügel von Insekten) ist das so. Sie können ohne vorherige Bearbeitung auf einen Objektträger gelegt und mikroskopisch untersucht werden. Man stellt dann so genannte *Trockenpräparate* her.

Andere Objekte muss man erst speziell bearbeiten, man sagt auch *präparieren.* Von den Blättchen der Moose oder Teilen von Früchten z. B. stellt man *Feuchtpräparate* her. Die Objekte werden in einen Wassertropfen auf den Objektträger gelegt und mit einem Deckgläschen abgedeckt.

Bei wieder anderen Objekten, beispielsweise dem Holundermark, dem Kork oder dem Kürbis- und Maisstängel, müssen erst dünne Schnitte angefertigt werden, damit Licht hindurchtreten kann. Erst dann können diese Objekte mithilfe des Mikroskops betrachtet werden.

Bei den Trocken- und Feuchtpräparaten handelt es sich um **Frischpräparate.** Diese halten sich meist nicht lange.

Durch besondere Behandlung können Mikropräparate auch lange haltbar gemacht werden. Die Objekte werden z. B. in Harz eingeschlossen. Solche Präparate werden dann **Dauerpräparate** genannt.

Will man von den Objekten alle Einzelheiten untersuchen und diese genau betrachten, müssen die Objekte angefärbt werden. Man benötigt also spezielle Färbemittel.

Für die Herstellung eines Mikropräparates werden einige Geräte (Abb. 1) und Chemikalien gebraucht.

Bei der Herstellung des Mikropräparates selbst müssen bestimmte **Arbeitsschritte** eingehalten werden (Abb. S. 71).

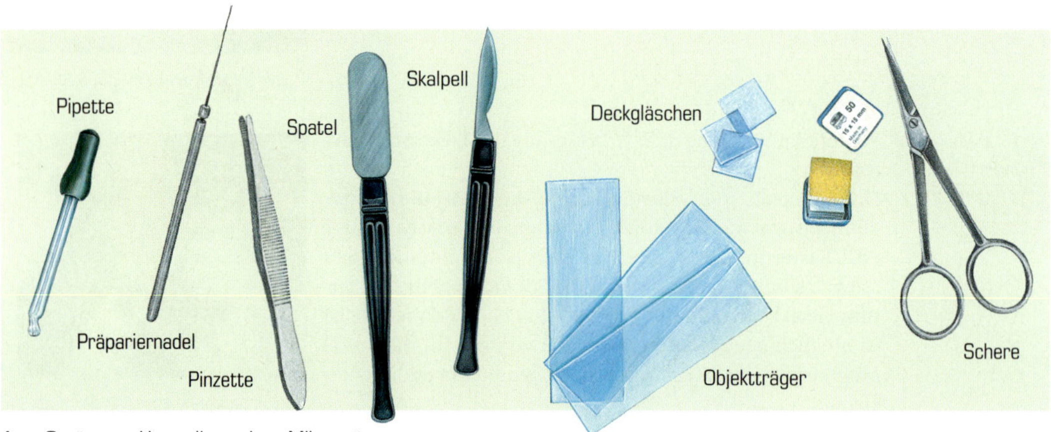

1 ▸ Geräte zur Herstellung eines Mikropräparates

Untersuchung • Experiment

Herstellung eines Frischpräparates vom Zwiebelhäutchen

1. Bereitstellen der benötigten Arbeitsgeräte und Objekte (Objektträger, Deckgläschen, Pinzette, Pipette, Rasierklinge, Wasser, Zwiebel).
   Tipp: rote Küchenzwiebel verwenden

2. Reinigen der Objektträger und Deckgläschen.

3. Auftropfen von etwas Wasser mithilfe einer Pipette in die Mitte des Objektträgers.

4. Zerschneiden der inneren durchsichtigen Haut einer Zwiebelschuppe mithilfe einer Rasierklinge in kleine Quadrate (Arbeitsschutz beachten).

5. Abheben eines Stückchens der durchsichtigen Zwiebelhaut mit der Pinzette und in den Wassertropfen auf den Objektträger legen.
   (Achtung! Wenn sich das Hautstückchen einrollt, dann vorsichtig mit zwei Präpariernadeln aufrollen.)

6. Vorsichtig ein Deckglas auf das Objekt im Wassertropfen legen.
   Dazu das Deckglas schräg an den Wassertropfen heranbringen und langsam auf das Objekt im Wasser sinken lassen.

7. Seitlich hervorquellendes Wasser mithilfe eines Filterpapierstreifens absaugen. Bei Wassermangel Wasser mithilfe einer Pipette seitlich am Deckglas hinzutropfen.

8. Betrachten des Objektes mithilfe des Mikroskops.

9. Soll das Objekt angefärbt werden, einige Tropfen Farbstofflösung an den Rand des Deckgläschens tropfen und mithilfe eines Filterpapierstreifens unter dem Deckglas hindurchsaugen.

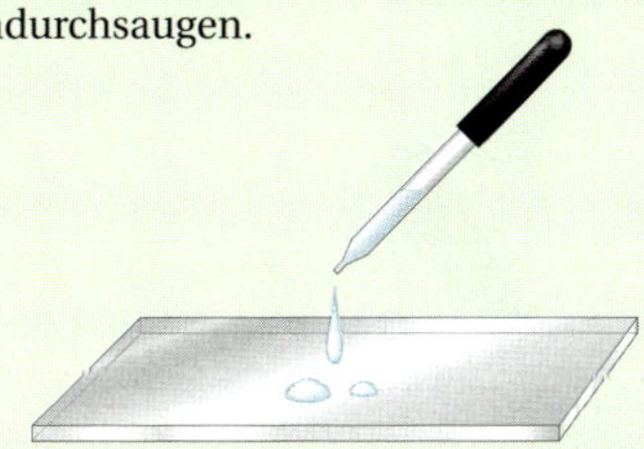

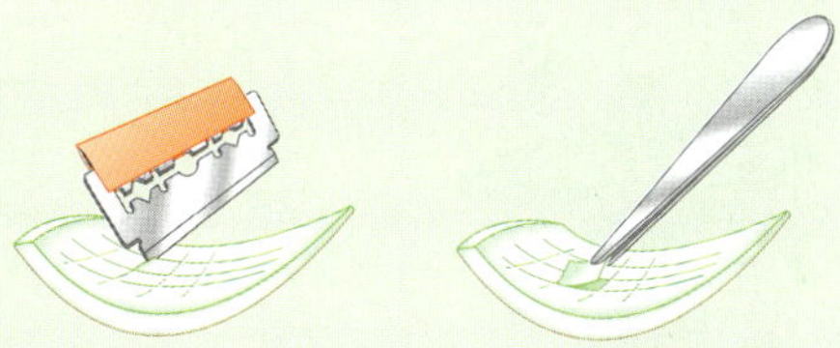

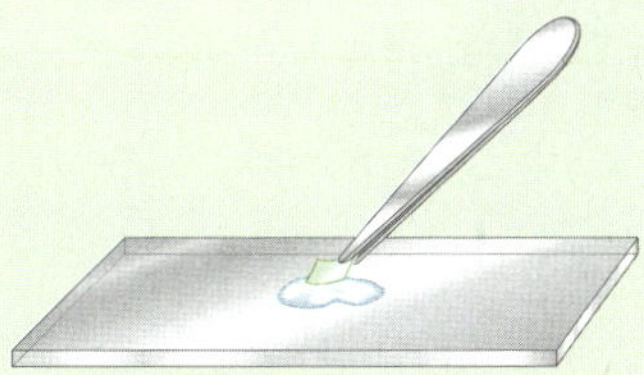

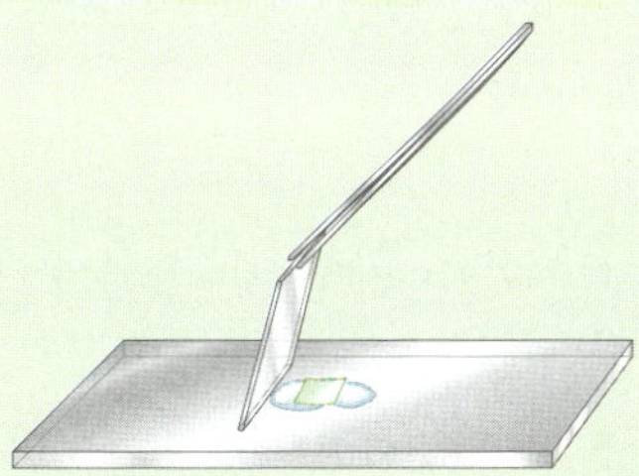

gewusst · gekonnt

1. Die folgende Abbildung stellt ein Mikroskop (Lichtmikroskop) dar.
Wie heißen die einzelnen Teile und welche Funktion haben sie?
Übernimm dazu die Tabelle in deinen Hefter und ergänze Bauteile und Funktion.

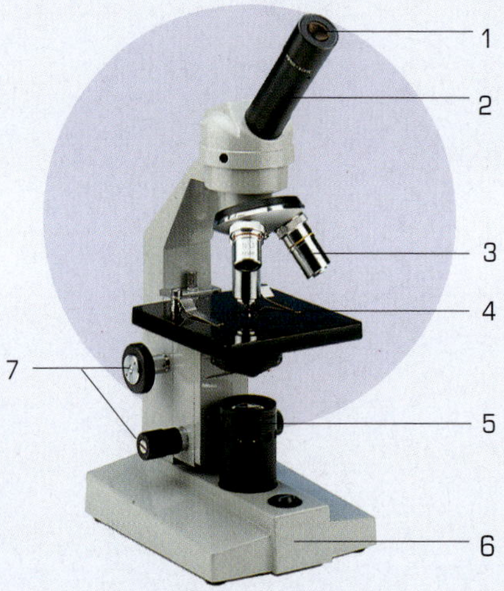

Bau und Funktion der Teile des Mikroskops	
Teile	**Aufgabe**

2. Bereite einen Kurzvortrag über die Bedeutung des Mikroskops (Lichtmikroskops) vor. Beachte u. a.:
- Wann wurde das Lichtmikroskop erfunden?
- Welche Entdeckungen waren erst möglich, nachdem das Lichtmikroskop erfunden war?
- Welche Forscher hatten an diesen Entdeckungen besonderen Anteil?
- Wie wird das Mikroskop heute genutzt?

3. Was musst du beachten, um mit einem Lichtmikroskop richtig und sorgsam umzugehen?

4. Für das Mikroskopieren, insbesondere zur Herstellung von Präparaten, werden eine Reihe von Geräten benötigt. Diese Geräte sind im Foto abgebildet. Benenne die Geräte und beschreibe ihre Handhabung.

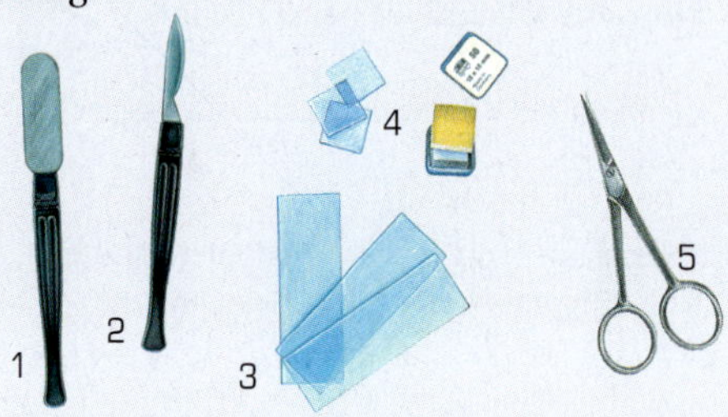

5. Um einen Gegenstand mithilfe des Mikroskops zu betrachten, muss ein Präparat hergestellt werden.
a) Erläutere, was man unter einem Präparat versteht.
b) Welche Arten von Präparaten kennst du?

6. Betrachte Frischpräparate vom Blütenstaub (Pollen) verschiedener Pflanzen.
a) Fertige zunächst die Frischpräparate an.
b) Betrachte die Pollenkörner nacheinander mithilfe des Mikroskops.
c) Zeichne je ein Pollenkorn.
Zeichne groß genug und zeichne nur das, was du siehst.

7. Betrachte eine Vogelfeder mithilfe des Mikroskops.
a) Fertige eine Skizze an.
b) Beschreibe deine Beobachtungen.

8. Überlege, wie es möglich ist, Bilder vom Mikroskop auf einen Computer zu übertragen.

9. Mikroskopiere ein Dauerpräparat von Insektenflügeln. Fertige eine Zeichnung an und beschrifte sie.

Das Wichtigste auf einen Blick

Das Mikroskop

Durch die Erfindung des Mikroskops wurde es möglich, sehr kleine, mit bloßem Auge nicht wahrnehmbare Gegenstände zu beobachten.
Beispielsweise wurde von ROBERT HOOKE vor 300 Jahren mithilfe des Mikroskops die Zelle entdeckt. Um das Mikroskop sachgerecht zu nutzen, müssen sein Aufbau und seine Handhabung bekannt sein.

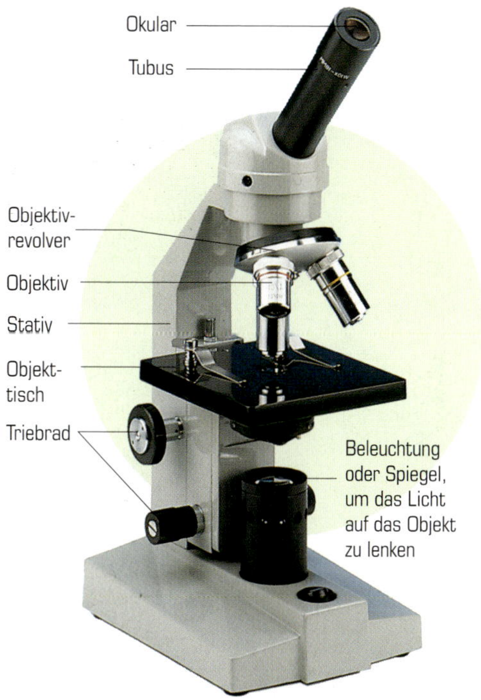

Ein **Mikropräparat** besteht aus Objektträger, Objekt und Deckgläschen, oftmals wird ein Einschlussmittel (z. B. Wasser) benötigt.

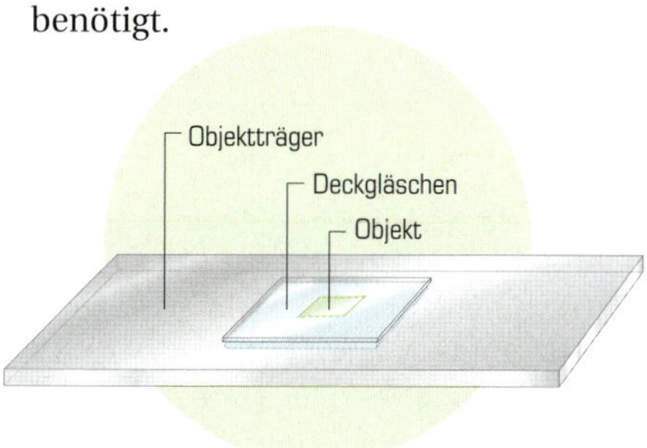

Mithilfe des Mikroskops kann man u. a. Zellen unterschiedlicher Größe und Form betrachten. Dabei wird nicht das Objekt (z. B. ein Pollenkorn) vergrößert, sondern es entsteht ein vergrößertes Bild vom Objekt. Die mikroskopischen Bilder kann man als mikroskopische Zeichnungen darstellen oder mithilfe von Kameras fotografieren.

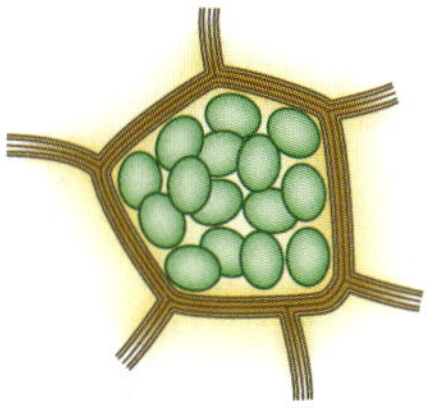

Moosblättchenzelle (250 µm)

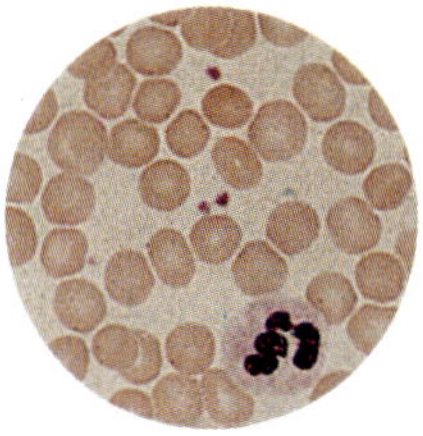
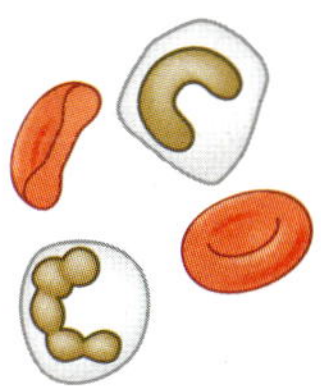

rote Blutzelle (bis 8 µm)
weiße Blutzelle (bis 0,02 mm)

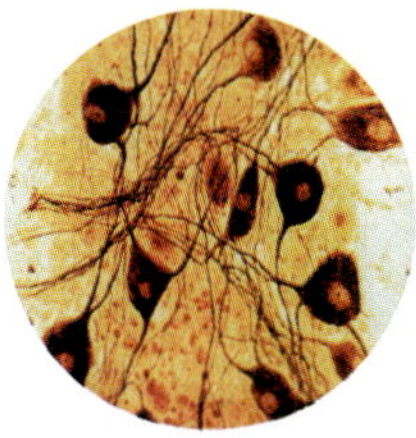
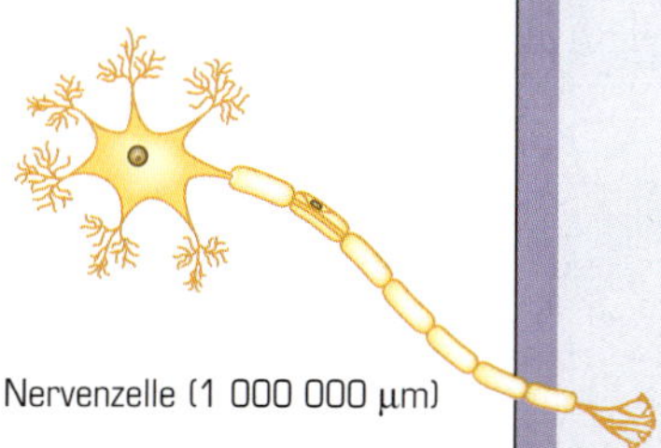

Nervenzelle (1 000 000 µm)

4

Wirbellose Tiere in ihren Lebensräumen

4.1 Vielfalt wirbelloser Tiere

Leben in allen Lebensräumen der Erde ⏩ Die Menschen leben auf dem Planeten Erde seit etwa 2,5 Millionen Jahren. Wirbellose Tiere besiedeln die Erde 600-mal länger. Einige Vertreter zählen zu den winzigsten Tieren der Welt und sind nur mithilfe des Mikroskops sichtbar, andere sind größer und schwerer als manche Wirbeltiere. In ihrer Artenzahl übertreffen sie die Wirbeltiere. Sie besiedeln alle Lebensräume der Erde, ja leben sogar in anderen Lebewesen.

Ca. 68 000 Arten von Spinnentieren ⏩ In Deutschland sind es nur 2300 Arten. Zum Nahrungserwerb haben sie verschiedene Techniken entwickelt. Entweder sie betäuben ihre Opfer mit Gift oder sie bauen kunstvolle Netze, mit denen sie ihre Beute fangen. Sie warten dann so lange, bis das Opfer sich in dem Fadengespinst verstrickt hat und können es dann vertilgen.

Wirbellose Tiere – ein Überblick

Silberfischchen (ca. 10 mm)

Springschwanz (ca. 4 mm)

Florfliege (ca. 15 mm)

Stechmücke (ca. 10 bis 15 mm)

Ameise (ca. 6 bis 13 mm)

Laufkäfer (ca. 13 mm)

Bei einem Spaziergang durch den Wald kann man viele kleine Tiere sehen: sie krabbeln auf dem Boden, sie schwirren in der Luft, sie saugen sich auf der Haut fest. Sie leuchten in den prächtigsten Farben, unterscheiden sich in Größe und Aussehen. Trotz dieser Formenvielfalt haben sie eins gemeinsam. Sie besitzen im Innern ihres Körpers **keine Wirbelsäule**. Deshalb bezeichnet man sie auch als **wirbellose Tiere**.

Gegenwärtig sind weit über 1 Million verschiedene wirbellose Tierarten bekannt. Dagegen gibt es nur etwa 48 000 verschiedene Wirbeltierarten. Die meisten wirbellosen Tiere gehören zur Gruppe der **Insekten** (ca. 800 000 Arten).

Die wirbellosen Tiere besiedeln alle **Lebensräume**. Einige wirbellose Tiere leben ständig in **Häusern**, z. B. das *Silberfischchen* und der *Menschenfloh*.

Andere wirbellose Tiere sind nicht nur im Haus, sondern auch an anderen Orten zu finden, z. B. die *Kellerassel* unter Steinen, die *Florfliege* auf Blüten.

Viele wirbellose Tiere leben im **Boden**, z. B. der *Regenwurm* und die *Maulwurfsgrille*. Sie tragen zur Durchmischung des Bodens bei.

Andere Wirbellose wiederum haben ihren Lebensraum in der **Waldstreu** und in **Kompostablagerungen,** z. B. *Springschwänze*.

1 ▸ Kartoffelkäfer bei der Paarung

Diese Tiere ernähren sich von abgestorbenen Organismen und bewirken so, dass tote Lebewesen zersetzt werden.

Auch auf Bäumen und Sträuchern, in den Blättern von Pflanzen und im Wasser, sind wirbellose Tiere zu finden. Der *Gelbrandkäfer* z. B. lebt im Wasser. Selbst in unserer Haut und im Innern unseres Körpers können wirbellose Tiere leben, z. B. *Spulwürmer, Madenwürmer* und *Bandwürmer.*

Viele wirbellose Tiere **beeinflussen unser Leben** direkt, z. B. als Überträger von Krankheiten (*Anophelesmücke* und Malaria) oder als Lieferanten von Nahrung (*Honigbiene* und Honig).

Andere Wirbellose können uns lästig werden, z. B. die *Mücke,* oder Schäden an Bäumen anrichten, z. B. der *Blaue Kiefernprachtkäfer.*

Einige wirbellose Tiere machen sich über unsere Lebensmittelvorräte her, z. B. der *Reiskäfer* und die *Mehlmotte.*

Wirbellose Tiere sind ein wesentlicher Teil der **lebenden Natur**. Sie sind für die Aufrechterhaltung des Gleichgewichts in der Natur unersetzbar.

Zu den wirbellosen Tieren gehören außer den Insekten noch Tiergruppen wie Spinnentiere, Krebstiere, Weichtiere, Ringelwürmer, Plattwürmer und Rundwürmer.

Als Wirbellose werden Tiere bezeichnet, die keine Wirbelsäule besitzen.

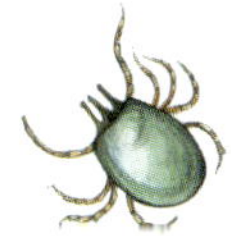
Zecke
(ca. 4 mm)

Kohlweißling
(Spannweite bis 50 mm)

Weberknecht
(ca. 11 mm)

Kellerassel
(bis 16 mm)

Schnurfüßer
(ca. 10 bis 45 mm)

Gemeiner Ohrwurm
(ca. 9 bis 16 mm)

1 ▸ Hausspinne auf Pilz

Wirbellose Tiere im Gewässer

Gelbrandkäfer – ein Insekt

Lebensraum: in Gewässern von Europa, Nordamerika
Merkmale: bis 40 mm, Flügeldecken und Halsschild sind gelb umrandet, Männchen Saugnäpfe an Vorderbeinen, räuberische Lebensweise
Nahrung: kleine Lebewesen und Aas

Ohrenqualle – ein Hohltier

Lebensraum: in allen Meeren, häufig in der Ostsee
Merkmale: frei schwimmend, 25–40 cm Durchmesser, schirmartige Körperform, durchscheinend, am Rand des gallertartigen Schirms zahlreiche kurze Fangarme, 4 kräftige Fangarme umgeben Mundöffnung, innen Magenhöhle
Nahrung: Plankton, kleine Meerestiere

Gemeiner Wasserfloh – ein Krebstier

Lebensraum: Kleingewässer, weltweit
Merkmale: Länge 1,2– 4 mm, Körper geschützt zwischen zwei Chitinschalen, Kopf und Antennen ragen heraus, große Komplexaugen, 5 Paar Beine mit Filterborsten, wichtiges Fischfutter
Nahrung: kleine Algen, Bakterien, Schwebstoffe

Wasserspinne – ein Spinnentier

Lebensraum: stehende und langsam fließende saubere Gewässer in Europa
Merkmale: Länge 8–15 mm, spinnt zwischen Wasserpflanzen glockenförmige Netze, füllt sie mit Luft als Sauerstoffvorrat, Luftglocken sind Wohn- und Lebensraum
Nahrung: kleine Wassertiere (Wasserasseln)

Gemeiner Tintenfisch – ein Weichtier

Lebensraum: Mittelmeer bis Nordsee
Merkmale: Länge 30– 40 cm, 8 Kopfarme (Kopffüßer) und 2 lange Fangarme mit Saugnäpfen, Fortbewegung durch Rückstoßprinzip und Flossensaum, bei Gefahr Abgabe eines dunklen Farbstoffes, Räuber
Nahrung: Fische, Muscheln

Wirbellose Tiere auf dem Lande

Rotknie-Vogelspinne – ein Spinnentier

Lebensraum: in tropischen Ländern auf Büschen, Bäumen, unter Baumwurzeln
Merkmale: große Kieferklauen, filzartige Behaarung, Körperlänge mit Beinen 25 cm, braun mit rötlichem Schimmer
Nahrung: Insekten, Frösche, junge Vögel

Feld-Maikäfer – ein Insekt

Lebensraum: Gärten, Parks, Wälder in großen Teilen Europas
Merkmale: braune Flügeldecken, dunkles Schild, Fächerfühler, Entwicklung 2–3 Jahre bis zum Vollinsekt
Nahrung: Blätter der Bäume

Kellerassel – ein Krebstier

Lebensraum: Keller, Gewächshäuser, unter Steinen (feuchte Lebensräume)
Merkmale: etwa 1,6 cm, dunkelgrauer, abgeplatteter Körper ohne Kopfbruststück, Körperoberseite gekörnelt, atmet mit Kiemen
Nahrung: Fall-Laub, abgestorbene Pflanzen, vermodertes Holz

Roter Waldregenwurm – ein Ringelwurm

Lebensraum: Humus, Spreu von Wäldern, im Wiesenboden, Kompost, Fall-Laub
Merkmale: Länge bis 15 cm, leuchtend rotbraun bis violett, Körper geringelt, kommt tagsüber öfter an die Erdoberfläche
Nahrung: organische Stoffe vermischt mit Boden

Große Wegschnecke – ein Weichtier

Lebensraum: Wälder, Wegränder, Wiesen, Gebüsche (feuchte, schattige Stellen)
Merkmale: Nacktschnecke, etwa 10–15 cm Länge, Rückenfärbung rot, braun oder schwarz, Fußsaum rot mit dunklen Querstrichen, Haut runzlig
Nahrung: Pflanzenteile

4.2 Der Regenwurm – ein Ringelwurm

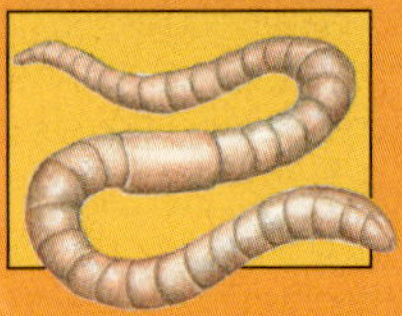

Klein und groß ⏩ Weltweit gibt es über 3 000 Arten von Regenwürmern, in Deutschland sind es immerhin ca. 35. Der Gemeine Regenwurm ist die bekannteste Art. Er kann eine Länge von 30 cm erreichen. Der Riesenregenwurm lebt in tropischen Ländern. Er wird bis zu 300 cm lang.

Reger Wurm ⏩ Der Name Regenwurm rührt nicht daher, dass die Tiere bei Regen an die Erdoberfläche kommen. Vielmehr gaben ihm die Leute im 16. Jahrhundert den Namen „reger Wurm" wegen seiner aktiven Lebensweise. Daraus wurde später dann Regenwurm.

Natürlicher Bodenauflockerer ⏩ Der Gemeine Regenwurm lebt verborgen in der Erde und frisst sich regelrecht durch den Boden. Die Gänge, die er dabei hinterlässt, tragen zur Durchlüftung des Bodens bei.

4

Körpergliederung und Bau des Regenwurms

Der *Gemeine Regenwurm* (Abb. 1) hat einen lang gestreckten, walzenförmigen und weichen Körper, der am Vorder- und Hinterende zugespitzt ist. Er besitzt eine nackte, dünne und schleimige Haut.

Wenn man ihn z. B. mit einer Lupe betrachtet, kann man erkennen, dass der Körper in eine Vielzahl (bis zu 180) fast gleichförmiger Ringe gegliedert ist. Der *Gemeine Regenwurm* gehört in die Gruppe der **Ringelwürmer.**

Jeder Körperring, Segment genannt, besitzt vier Paar kurze, steife **Borsten.** Die äußere Gliederung (Segmentierung) des Regenwurms setzt sich nach innen fort (Abb. 2). Querwände grenzen die einzelnen Ringe voneinander ab. Der **Darm** durchzieht den gesamten Körper von der Mundöffnung bis zum After als gestrecktes Rohr. Das Blut fließt in einem Blutgefäßsystem, das aus einem Rücken- und einem Bauchgefäß besteht. Diese beiden sind durch Ringgefäße miteinander verbunden. Ein solches System wird als **geschlossener Blutkreislauf** bezeichnet. Bauchseits verlaufen zwei dicht beieinander liegende Nervenstränge durch den Körper. Ihre Form erinnert an eine Strickleiter. Die Biologen sprechen deshalb von einem **Strickleiternervensystem.** Jeder Ring enthält ein Paar trichterförmige **Ausscheidungsorgane**, die überschüssige Flüssigkeit aus dem Körper befördern. Unter der äußeren Haut liegt der **Hautmuskelschlauch.** Dieser besteht aus je einer Schicht Ring- und Längsmuskeln.

Der Körper des Regenwurms ist gleichmäßig gegliedert. Deshalb gehören die Regenwürmer zu den Gliedertieren.

M

Der Körper des Regenwurms ist in zahlreiche Ringe (Segmente) gegliedert. Der Regenwurm gehört zur Gruppe der Ringelwürmer.

1 ▸ Regenwurm im Kompost

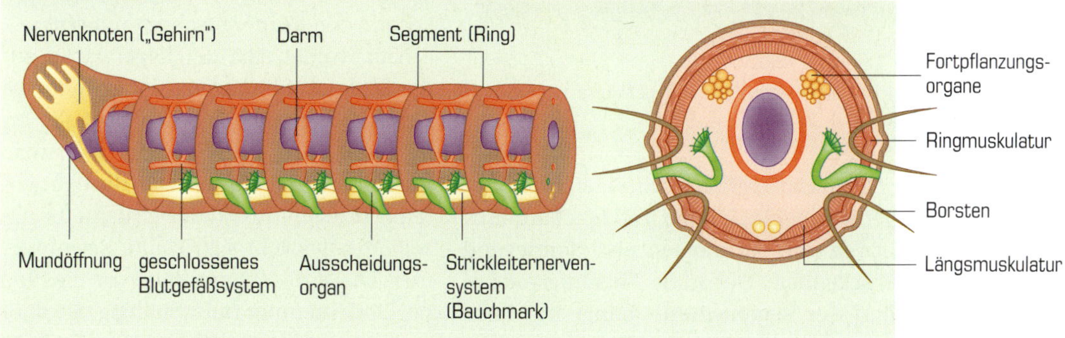

2 ▸ Beim Ringelwurm (Längs- und Querschnitt) stimmen äußere und innere Körpergliederung fast überein.

Lebensweise des Regenwurms

Fortbewegung: Der *Gemeine Regenwurm* bewegt sich kriechend fort. Verantwortlich für die kriechende **Fortbewegung** des Regenwurms ist sein **Hautmuskelschlauch**. Durch Zusammenziehen der *Ringmuskeln* wird der Körper gestreckt, er wird dünn. Dabei erschlaffen die *Längsmuskeln*. Anschließend ziehen sich die Längsmuskeln zusammen und die Ringmuskeln erschlaffen. Der Regenwurm wird an dieser Stelle dicker und zieht den Körper nach (Abb. 1). Durch dieses abwechselnde Zusammenziehen und Erschlaffen der Muskeln entsteht eine wellenförmige Bewegung, die dem gliedmaßenlosen Tier ein Vorwärtskriechen ermöglicht. Die **Borsten** unterstützen die Fortbewegung, indem sie sich im Boden festhalten und ein Zurückgleiten verhindern.

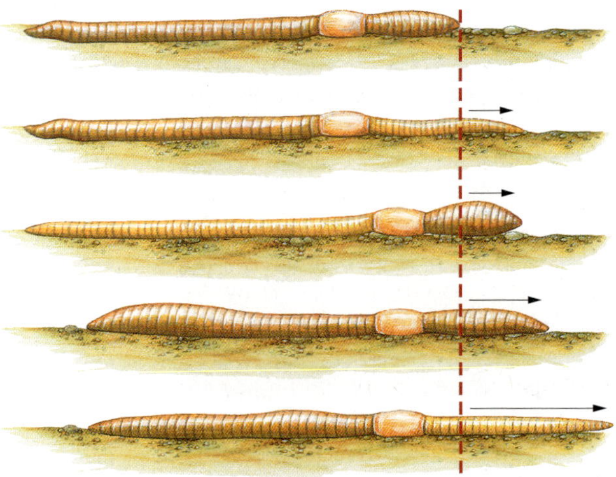

1 ▸ Kriechbewegung beim Regenwurm (⟶ Bewegungsrichtung)

Atmung: Tagsüber halten sich die Regenwürmer im kühlen und feuchten Erdboden auf. Sie meiden also Sonne und Trockenheit. Der hohe Feuchtigkeitsbedarf der Regenwürmer hängt mit ihrer Atmung zusammen. Der Regenwurm hat kein besonderes Atmungsorgan. Die Aufnahme von Sauerstoff und die Abgabe von Kohlenstoffdioxid erfolgen durch die dünne, feuchte und schleimige Haut. Er ist ein **Hautatmer**. Starke Sonneneinstrahlung würde seine Haut austrocknen und sie für Atemluft unpassierbar machen. Er müsste ersticken. Deshalb kommt er nachts zur Nahrungssuche aus seinen selbst gegrabenen Erdröhren und lebt tagsüber im feuchten Boden. Er ist ein **Feuchtlufttier** und gut an das Leben im Boden angepasst.

Der Regenwurm bewegt sich kriechend vorwärts. Er ist ein Hautatmer und ein Feuchtlufttier. (M)

Fortpflanzung: Der Regenwurm besitzt sowohl männliche als auch weibliche Geschlechtsorgane. Er ist ein **Zwitter**. Zur Fortpflanzung müssen sich jedoch immer zwei Tiere paaren, denn es erfolgt stets eine wechselseitige Begattung.

Dabei legen sich zwei geschlechtsreife Tiere mit den Vorderenden an einer rot gefärbten, ringförmigen Verdickung, dem **Gürtel**, aneinander und tauschen Samenzellen aus (Abb. S. 80).

Die Samenzellen werden in Samentaschen im Inneren des Körpers aufbewahrt. Sind die Eizellen reif, sondert der Gürtel Schleim ab und bildet somit eine schützende Hülle, die wie eine Manschette den Körperabschnitt umgibt.

Nun windet sich der Regenwurm aus der Schleimhülle heraus, dabei findet die Befruchtung statt. Die Schleimhülle erhärtet an der Luft, sie wird zu einem **Kokon**. In ihm befinden sich die befruchteten Eizellen. Aus den befruchteten Eizellen entwickeln sich kleine Regenwürmer. Die Entwicklungsdauer ist u.a. von der Bodentemperatur abhängig. Sie dauert in unseren geografischen Breiten etwa drei bis vier Wochen.

Reaktion auf Umwelteinflüsse: Der Regenwurm besitzt keine Augen. Trotzdem kann er hell und dunkel unterscheiden. Verantwortlich dafür sind lichtempfindliche Zellen, die über die gesamte Körperoberfläche verteilt sind, am Kopfende jedoch besonders dicht beieinander liegen. Diese lichtempfindlichen Zellen stehen mit dem Gehirn und dem Strickleiternervensystem in Verbindung. Sobald der Regenwurm tagsüber an die Erdoberfläche gelangt, nehmen die Lichtsinneszellen die Lichtunterschiede wahr. Er kriecht wieder ins Dunkle zurück.

Der Regenwurm ist auch in der Lage, Berührungen und Erschütterungen wahrzunehmen. Er zieht sich daraufhin ebenfalls sofort in seine Erdröhre zurück.

> **Der Regenwurm ist ein zwittriges Tier. Zur Fortpflanzung findet eine Paarung statt. Der Regenwurm kann auf Einflüsse der Umwelt, z.B. auf Licht und Berührung reagieren.**

Ökologische Bedeutung der Regenwürmer: Der **Lebensraum** der Regenwürmer ist der Boden. Sie leben in einem verzweigten **Röhrensystem**, das von der Erdoberfläche bis in 2 Meter Tiefe reicht. Das Röhrensystem wird ständig ausgebaut und erweitert, indem sich die Regenwürmer regelrecht durch das Erdreich bohren und fressen. Die neu entstandenen Gänge werden anschließend mit Schleim und Kot ausgekleidet, so dass keine Erde nachrutschen kann.

Durch diese Tätigkeiten bewirken die Regenwürmer eine **Auflockerung des Bodens**. Sie erleichtert damit den Pflanzenwurzeln das Eindringen ins Erdreich und führt somit zur besseren Bewurzelung der Pflanzen.

Nachts ziehen Regenwürmer Blätter, Gräser oder abgestorbene Pflanzenteile

Der Regenwurm war 2004 wirbelloses Tier des Jahres.

als Nahrung in ihre Erdröhren (Abb.). Diese werden jedoch nicht sofort gefressen, sondern erst wenn sie durch die Tätigkeit von Mikroorganismen zersetzt sind. Die zersetzten Stoffe werden dann zusammen mit Erde durch den zahnlosen Mund aufgenommen. Unverdaute Nahrungsreste und Mineralien findet man oft als kleine Kothäufchen an der Erdoberfläche unmittelbar neben der Öffnung von Wurmröhren. Auf diese Weise tragen Regenwürmer mit ihrem Kot zur **Humusbildung** sowie **Bodendurchmischung** und damit zur **Verbesserung der Bodenfruchtbarkeit** bei.

Das Röhrensystem des Regenwurms stellt ein ideales Bewässerungs- und Durchlüftungssystem des Bodens dar. Die Regenwurmröhren erleichtern das Eindringen von Regenwasser und Luft in den Erdboden.

Die Regenwürmer führen in ihrer langsamen, aber ständigen Tätigkeit die gleiche Arbeit aus, die durch Graben, Pflügen und Düngen in kurzer Zeit, aber mit großem Aufwand, durch den Menschen vollbracht wird. Außerdem stellt der weiche, fleischige Körper der Regenwürmer ein wichtiges Glied in Nahrungsketten dar, denn sowohl Maulwürfe und Spitzmäuse als auch Igel und Kröten bzw. viele Vogelarten fressen sie mit Vorliebe.

Durch Tiefpflügen mit schweren Maschinen (Bodenverdichtung), durch Gülleaufbringung und den Einsatz von chemischen Mitteln wird dem Regenwurmbestand auf landwirtschaftlich genutzten Flächen großer Schaden zugefügt. Dadurch wird auch die Nahrungsgrundlage für andere Tiere gefährdet.

Beobachtung • Experiment

Ermittle Reaktionen des Regenwurms auf Umwelteinflüsse.

Materialien:
Regenwürmer, Glasröhre, dunkle Hülle, Holzstäbchen, Papier, Filterpapier, Wasser

1. Untersuche die Fortbewegung des Regenwurms

Durchführung und Beobachtung:
a) Setze einen Regenwurm auf Papier und beobachte seine Fortbewegung.
b) Horche sehr genau auf Bewegungsgeräusche.

Auswertung:
Beschreibe die Fortbewegung des Regenwurms.
Finde eine Erklärung für die Bewegungsgeräusche.

2. Untersuche die Lichtempfindlichkeit des Regenwurms

Durchführung und Beobachtung:
a) Schiebe eine dunkle Hülle über die Glasröhre mit dem Regenwurm und beobachte.
b) Setze durch Verschieben der Hülle das Vorder- bzw. Hinterende des Regenwurms (jeweils 2 cm) dem Licht aus und beobachte.

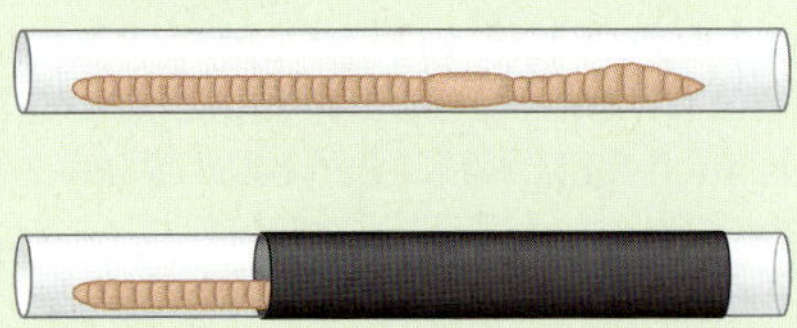

Auswertung:
a) Beschreibe die Reaktion des Regenwurms auf Licht.
b) Begründe das Verhalten des Regenwurms.

Untersuche die Durchmischung des Bodens durch Regenwürmer.

Vorbereitung:
a) Überlege, wie Regenwürmer den Boden durchmischen können und wie das zu beobachten ist.
b) Stelle an Material und Geräten bereit: ein Becherglas oder ein kleines Aquarium, hellen Sand, lockere humushaltige Gartenerde, Wasser, Regenwürmer.
c) Bereite eine Futtermischung für die Regenwürmer vor. Sie soll Kaffeesatz, klein geschnittene Apfelschalen, Wurstschale aus Naturdarm oder ähnliche Küchenabfälle sowie Laub und grüne Blätter enthalten.

Durchführung:
a) Fülle das durchsichtige Gefäß etwa zu einem Drittel mit hellem Sand.
b) Schichte darüber etwa ebenso viel lockere humushaltige Gartenerde.
c) Befeuchte die Gartenerde gut mit Wasser.
d) Achtung, das Wasser darf sich nicht stauen! Setze dann eine Anzahl von Regenwürmern (10 bis 30 Stück) auf die Gartenerde. Gib eine 3 bis 5 cm dicke Schicht des Futtergemisches darauf.
e) Stelle das Gefäß in einen abgedunkelten und mäßig warmen Raum und halte die Erdschicht ständig feucht.
f) Beobachte mehrere Wochen lang.

Auswertung:
a) Was hat sich nach einigen Wochen verändert?
b) Stelle die Veränderungen in einer Zeichnung dar.
c) Erläutere die Zusammenhänge.

gewusst · gekonnt

1. Betrachte mit bloßem Auge und mithilfe einer Lupe einen Regenwurm.
Beschreibe seinen äußeren Bau.

2. Regenwürmer haben keine Augen.
Begründe, warum sie trotzdem auf wechselnde Lichtverhältnisse reagieren können.

3. Regenwurm und Maulwurf sind durch ihren Körperbau an ihre unterirdische Lebensweise angepasst.
   a) Vergleiche den äußeren Bau beider Arten.
   b) Worin äußert sich ihre Angepasstheit?

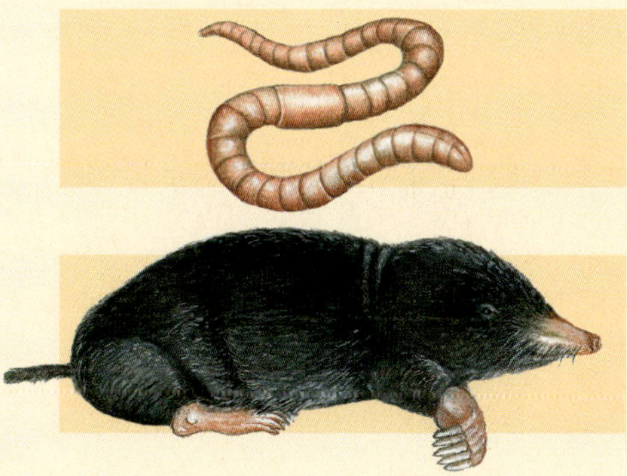

4. Fülle ein Becherglas mit lockerer Erde und beobachte, wie sich der Regenwurm eingräbt.
Beschreibe deine Beobachtungen.

5. Begründe, warum in sandigen Böden Regenwürmer kaum zu finden sind.

6. Aus welchem Grund kann man Regenwürmer nicht an trockenen, heißen Sommertagen beobachten?

7. Begründe, warum durch Tiefpflügen und Gülleaufbringung der Regenwurmbestand auf vielen Äckern stark zurückgegangen ist.

8. Begründe, warum die Regenwürmer bei starkem Regen ihre Röhren verlassen.

9. Berühre vorsichtig einen Regenwurm mit einem Glasstab oder mit der Bleistiftspitze an verschiedenen Stellen des Körpers. Was stellst du fest?

10. Setze einen Regenwurm auf die trockene Seite eines zur Hälfte angefeuchteten Blattes Filterpapier/Löschpapier.
   a) Beobachte, wohin der Regenwurm kriecht.
   b) Ziehe Schlussfolgerungen aus deinen Beobachtungen. Begründe die Angepasstheit dieses Verhaltens.

11. Beschreibe anhand der Abbildungen das Leben der Regenwürmer in den verschiedenen Jahreszeiten.

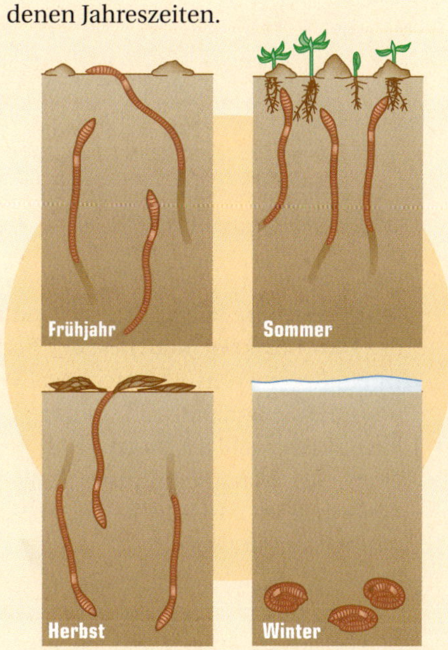

12. Im Waldboden leben besonders viele Regenwürmer. Der Förster bezeichnet sie auch als „Gärtner“ des Waldes.
Begründe diese Aussage.

Das Wichtigste auf einen Blick

Der Regenwurm

Der Regenwurm gehört zu den wirbellosen Tieren. Sein Körper ist in gleichförmige Ringe (Segmente) gegliedert. Deshalb gehört er in die **Gruppe der Ringelwürmer.**

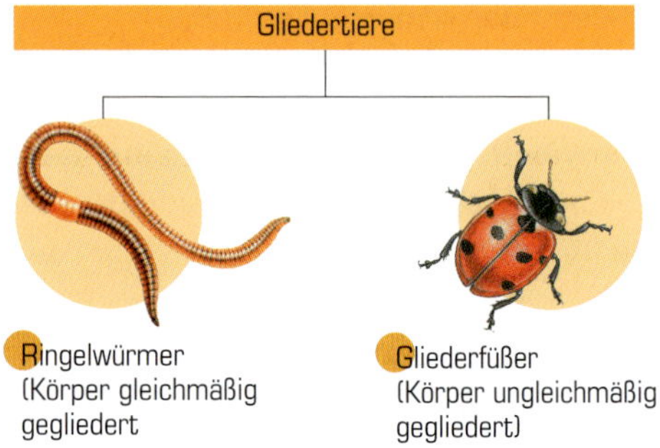

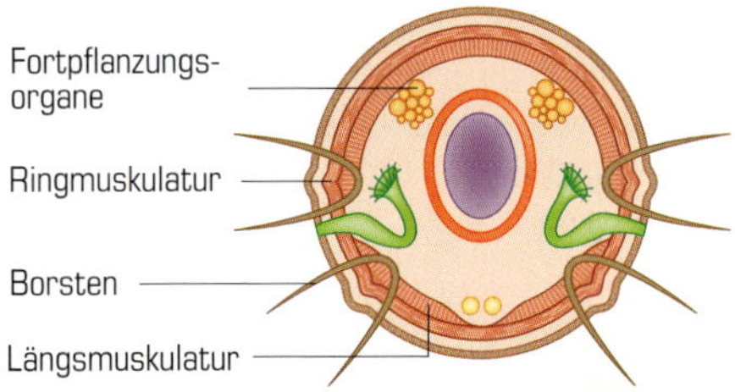

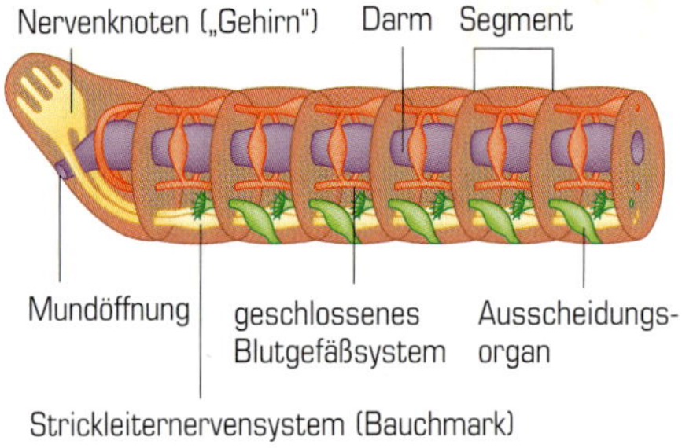

Die Ringelwürmer sind lang gestreckte, wirbellose Tiere, deren Körper zylinderförmig oder abgeplattet sowie außen und innen in Segmente (Ringe) gegliedert ist.

Jedes Segment hat im Innern Anteil an den Organsystemen, z. B. dem Strickleiternervensystem, dem geschlossenen Blutgefäßsystem, dem Ausscheidungssystem, dem Verdauungssystem.

Ringelwürmer bewegen sich mithilfe des **Hautmuskelschlauches**, der Borsten (z. B. Regenwurm, Meeresringelwurm) oder der Saugnäpfe (z. B. Blutegel) fort. Sie leben sowohl im Boden (z. B. Regenwurm) als auch im Süßwasser (z. B. Blutegel) und im Meer (z. B. Meeresringelwurm, Sandpierwurm).

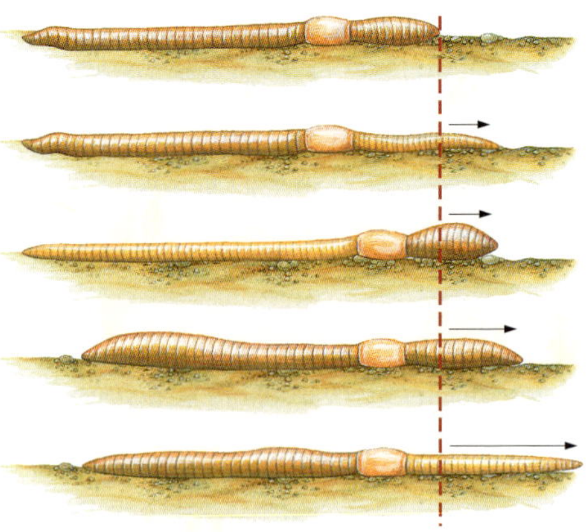

Der Regenwurm ist ein Hautatmer. Daher hält er sich im kühlen und feuchten Erdboden auf. Er ist ein **Feuchtlufttier**.

Regenwürmer sind **Zwitter**.

4.3 Insekten in ihren Lebensräumen

Größte Tiergruppe der Welt ⏩ Die Gruppe der Insekten umfasst etwa drei Viertel aller Tiere. Man findet sie in allen Lebensräumen. Wissenschaftler haben die Insekten geordnet und in Gruppen zusammengefasst.

Nutzen wie Schaden ⏩ Unter den Insekten gibt es eine Vielzahl, die dem Menschen Nutzen bringt bzw. ihm Schaden zufügt. Es gibt also Nutzinsekten und Schadinsekten. In Bäckereien und Großküchen kannst du oftmals die Hausschabe als Vorratsschädling beobachten.

Bedrohte Tierart ⏩ Viele Insekten sind vom Aussterben bedroht bzw. gefährdet, weil der Mensch ihre Lebensräume zerstört. Zu den gefährdeten Schmetterlingen gehört der Trauermantel.

Vielfalt der Insekten

Mit ungefähr 800 000 Arten sind die Insekten auf der Erde die am meisten verbreitete Tiergruppe. Sie bewohnen fast alle Lebensräume. Um eine Ordnung in die vielen Arten zu bringen, wurde ein Ordnungssystem aufgestellt, in dem die Insekten nach ihrem äußeren und inneren Bau, aber auch nach ihrer stammesgeschichtlichen Entwicklung zusammengefasst wurden. Ein wesentliches **Merkmal der Zuordnung** zu Insektengruppen ist beispielsweise die **Anzahl und Ausbildung der Flügel.** Diese sind bei den verschiedenen Insekten sehr unterschiedlich.

Vier wichtige Gruppen können so u. a. unterschieden werden, die Käfer, Schmetterlinge, Hautflügler und Zweiflügler. Diese Gruppen werden von den Biologen aufgrund gemeinsamer Merkmale **Insektenordnungen** genannt.

Betrachtet man einen **Käfer,** z. B. *Maikäfer* (Abb. 1), findet man 2 feste Vorderflügel. Diese werden Deckflügel genannt. Sie schützen den Körper und die unter ihnen liegenden dünnhäutigen Hinterflügel. Diese dienen dem Fliegen.

Farbenprächtige **Schmetterlinge** sieht man vor allem im Sommer. Sehr häufig ist in unseren Breiten z. B. das *Tagpfauenauge.* Die Vorder- und Hinterflügel dieses Schmetterlings sind dünnhäutig. Sie besitzen einen Überzug aus dachziegelartig angeordneten Schuppen. Vorder- und Hinterflügel werden beim Fliegen genutzt.

Stubenfliegen oder *Schmeißfliegen* sind lästige Plagegeister. Sie gehören wie auch die Mücken zu den **Zweiflüglern.** Ihr wichtiges Merkmal sind 2 häutige Vorderflügel, mit denen sie fliegen. Die Hinterflügel sind zu Schwingkölbchen umgewandelt. Damit halten die Tiere ihr Gleichgewicht beim Fliegen.

Bei einer *Wespe* (Abb. 2) findet man ähnlich ausgebildete Vorder- und Hinterflügel. Sie sind dünnhäutig und durchsichtig und dienen dem Fliegen. Die Insektenordnung mit solchen Flügeln heißt **Hautflügler.**

Ein Teil der großen Tiergruppe Insekten wird nach der Anzahl und der Ausbildung der Flügel in Insektenordnungen unterteilt.

Wesentliche Kennzeichen sind:

Käfer	je 1 Paar harte Vorder- und häutige Hinterflügel
Schmetterlinge	2 Paar zarte, farbige Flügel
Zweiflügler	je 1 Paar häutige Flügel und Schwingkölbchen
Hautflügler	2 Paar häutige Flügel

1 ▸ Maikäfer

2 ▸ Wespe

Methoden

Wir bestimmen Insektengruppen

1	• Körper geflügelt, deutlich 4 gleichartige Flügel oder 2 gleichartige Flügel 2
1*	• Körper scheinbar ungeflügelt oder 2 Flügeldecken und 2 häutige Hinterflügel 3
2	• Flügel durchscheinend 4
2*	• Flügel undurchsichtig gefärbt durch bunte Schuppen 5
3	• Mundwerkzeuge zangenförmig ausgebildet **Käfer**
3*	• Mundwerkzeuge fadenförmig oder rüsselförmig ausgebildet **Wanzen** oder **Schmetterlinge**
4	• Vorder- und Hinterbeine gleich lang • Hinterbeine nicht als Sprungbeine 6
4*	• Vorderbeine kürzer als Hinterbeine • Hinterbeine als Sprungbeine **Heuschrecken**
5	• Flügel weiß oder lebhaft bunt gefärbt • Körper schlank • Fühlerende knopf- oder keulenförmig **Tagfalter (Schmetterlinge)**
5*	• Flügel oft unauffällig gefärbt • Körper dick • Fühlerende kamm- oder borstenförmig **Nachtfalter (Schmetterlinge)**
6	• Körper und Flügel etwa gleich lang • Hinterflügel als Schwingkölbchen **Zweiflügler**
6*	• Körper deutlich länger als Flügel • Hinterflügel nicht als Schwingkölbchen **Libellen**

1*

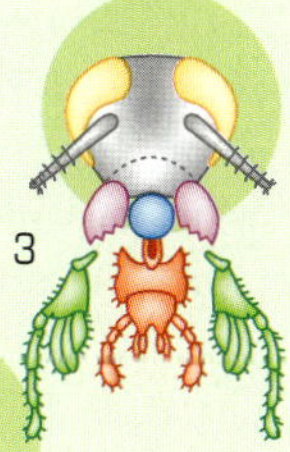
3

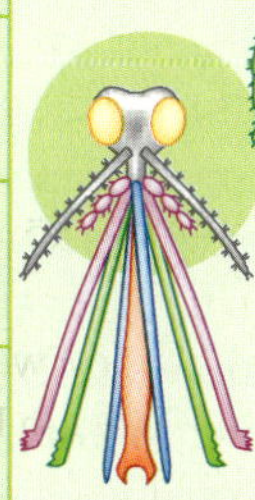
3* Wanze

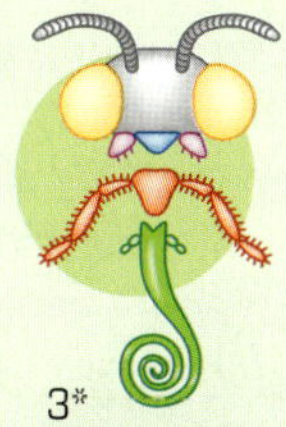
3* Schmetterling

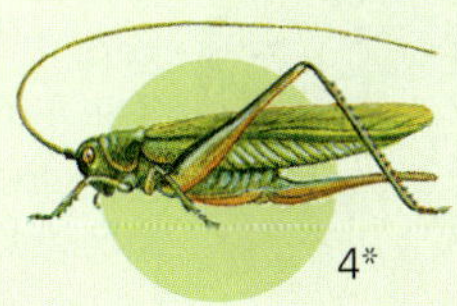
4*

5

5*

6

6*

Angepasstheit der Insekten an ihre Lebensräume

Körpergliederung sowie äußerer und innerer Bau

Betrachtet man verschiedene Insekten genauer, z.B. *Honigbiene, Stubenfliege* und *Maikäfer,* kann man bei allen deutlich **drei Körperabschnitte** erkennen, den Kopf, die Brust und den Hinterleib. Umgeben sind diese Abschnitte außen von einer dünnen schützenden Chitinschicht, dem **Außenskelett.**

Am **Kopf** befinden sich ein Paar zusammengesetzte Augen, **Mundwerkzeuge** und ein Paar Fühler. Die *zusammengesetzten Augen* bestehen aus keilförmigen Einzelaugen, durch die zusammen ein Bild entsteht. Sie werden *Komplexaugen* genannt. Sie sind besonders leistungsfähig bei der Wiedergabe von Bewegungen.

Eine *Stubenfliege* hat z. B. ungefähr 4 000 und eine Libelle 3 000 Einzelaugen.

Die Fühler – auch Antennen genannt – sind wie die Augen Sinnesorgane. Sie dienen vor allem dem Riechen und Tasten.

1 ▸ Regenbremse (Makroaufnahme)

An den *Mundwerkzeugen* kann man erkennen, *wie sie sich ernähren.* Die Schmetterlinge z. B. saugen mit ihrem langen Saugrüssel den Nektar vom Blütengrund. Es werden u. a. beißende, saugende, stechende und leckende Mundwerkzeuge unterschieden (s. S. 91, Abb. 2).

Am **Brustteil** befinden sich **drei gegliederte Beinpaare** und meist **zwei Paar Flügel.** Die Flügel schützen den Körper oder dienen dem Fliegen. Der oftmals große **Hinterleib** enthält die inneren Organe. Auch die **Beine** der Insekten sind an ihre Lebensweise angepasst. Entsprechend ihrer Tätigkeit und ihrer Fortbewegungsart sind sie unterschiedlich ausgebildet (s. S. 91, Abb. 1).

Insekten sind in Kopf, Brust und Hinterleib gegliedert. Sie besitzen Fühler, leistungsfähige Komplexaugen und Mundwerkzeuge. An der Brust befinden sich 3 Paar gegliederte Beine sowie meist 2 Paar Flügel.

Insekten besitzen ein **offenes Blutgefäßsystem.** Der gesamte Körper ist mit Blut gefüllt und wird durch ein einfaches Herz (offene Röhre am Rücken) in Bewegung gehalten (Abb. 2).

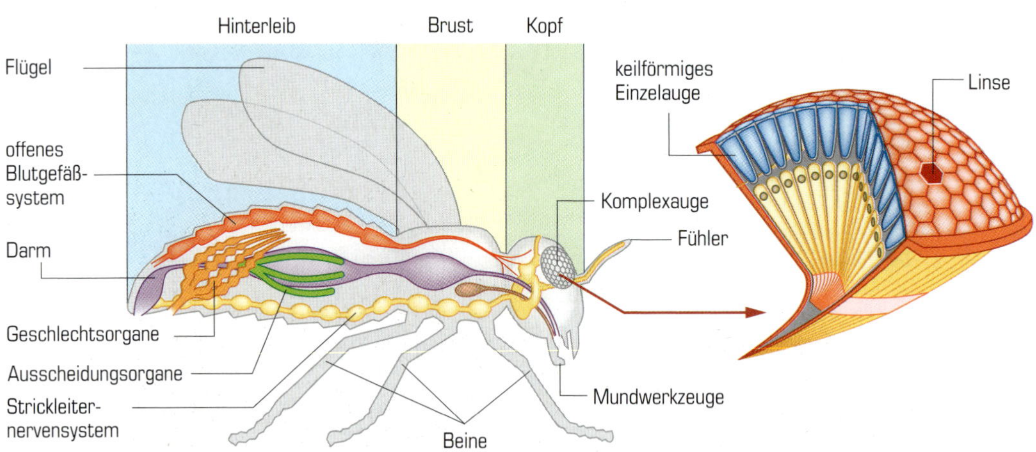

2 ▸ Äußerer und innerer Bau eines Insekts (schematisch)

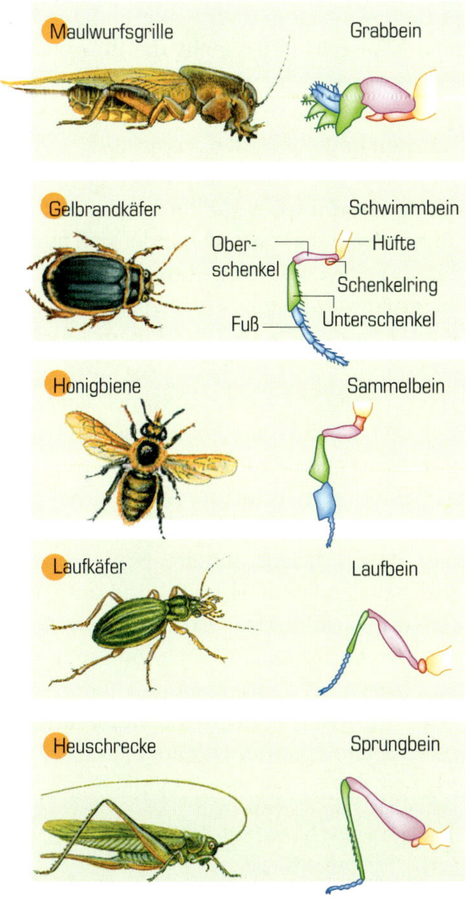

1 ▸ Insektenbeine – angepasst an ihre Lebensweise

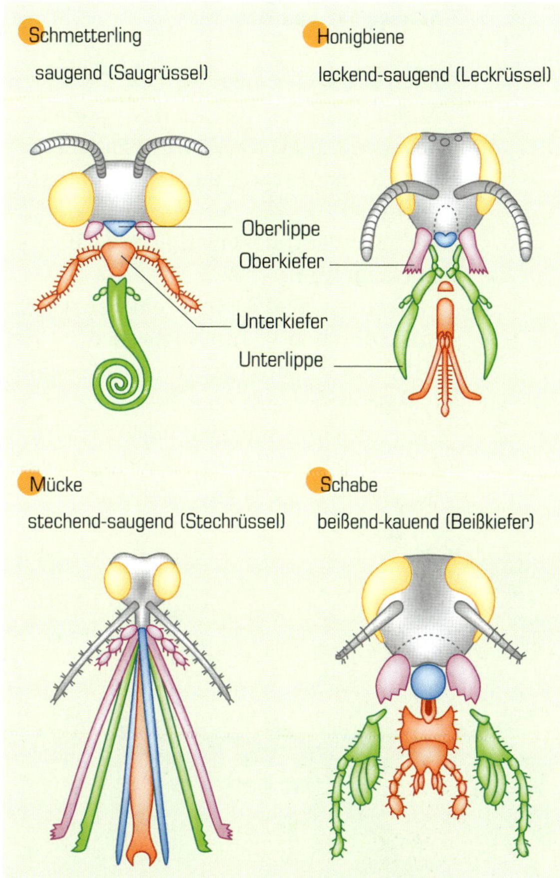

2 ▸ Mundgliedmaßen – angepasst an die Ernährungsweise

Insekten können mit ihren Augen sehr gut Bewegungen wahrnehmen und darauf mithilfe ihres **Strickleiternervensystems** reagieren. Dieses befindet sich auf der Bauchseite des Insekts.

Insekten benötigen wie alle anderen Lebewesen Energie für ihre Lebensfunktionen. Dafür müssen sie sich **ernähren.** Mithilfe ihrer **Mundwerkzeuge** nehmen sie ihre Nahrung, z. B. Blütenstaub (Pollen), Nektar, Pflanzenteile, auf. Die Nahrung wird im Darm verdaut. Unverdaute Stoffe verlassen den Körper durch den After. Aus den mit der Nahrung aufgenommenen Nährstoffen werden körpereigene Stoffe aufgebaut. Sie werden für den Aufbau des Körpers benötigt und dienen als Energiequelle.

M

Insekten besitzen ein offenes Blutgefäßsystem und ein Strickleiternervensystem. Sie ernähren sich u.a. von Blütenstaub, Nektar und Pflanzenteilen. Ihre Mundwerkzeuge sind an die jeweilige Ernährungsweise angepasst.

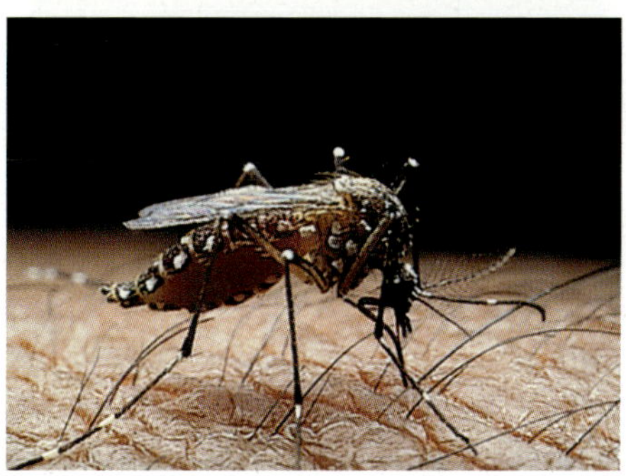

Insekten ernähren sich nicht nur von Pflanzenteilen. Die Mücke ernährt sich z. B. von Nektar und Blut.

3 ▸ Mücke

Atmung der Insekten

Auch Insekten müssen atmen. Sie haben Atmungsorgane, die an das Landleben angepasst sind. Die Atmungsorgane der Insekten sind **Tracheen.** Sie befinden sich im Innern des Körpers (Abb. 1), so dass die feuchte dünne Oberfläche nicht austrocknen kann.

Tracheen sind kleine, fein verzweigte Atemröhrchen (Tracheensystem), die sich durch den ganzen Körper eines Insekts ziehen. Ihre feinsten Verästelungen erreichen die Oberfläche von fast jeder Zelle im Körper. In den Flügeln sind die Tracheen als „Adern" sichtbar.

1 ▸ Tracheen mit Atemöffnung

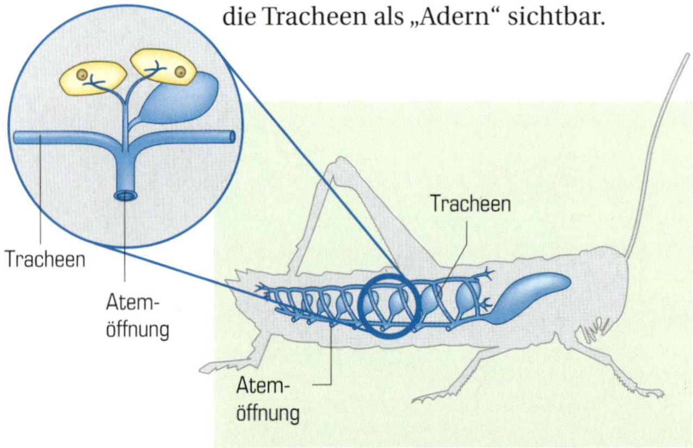

Im Gegensatz zu den Wirbeltieren benötigen Insekten daher nicht das Blut als Transportmittel für den Sauerstoff. Der Gasaustausch kann direkt zwischen den Tracheen und den Zellen stattfinden.

Die Tracheen enden nach außen in kleinen **Atemöffnungen** (Abb. 1). An jedem Körperring eines Insekts befindet sich auf beiden Seiten eine solche Atemöffnung. Bei großen Insekten wie *Heuschrecken* (Abb. 2) kann man sie mit bloßem Auge sehen.

Wenn man z. B. eine Hummel lange beobachtet, kann man sehen, dass sie den Hinterleib rhythmisch auf und ab bewegt. Mit dieser Pumpbewegung pressen Insekten „verbrauchte Luft" aus den Tracheen und saugen frische hinein. Man kann diese Bewegung mit dem Ein- und Ausatmen vergleichen. Das Ein- und Ausströmen der Luft durch die Atemöffnungen kann man sogar als leises Pfeifen hören.

Die Tracheen sind an die Aufnahme von Sauerstoff aus der Luft angepasst.

Insekten atmen durch Tracheen. Sie sind Trockenlufttiere. M

2 ▸ Großes Heupferd – verbreitet in ganz Europa

Fortpflanzung und Entwicklung

Insekten sind getrenntgeschlechtlich, d. h., es gibt bei ihnen Männchen und Weibchen. Diese unterscheiden sich oft in der Größe und auch in der Färbung.

Männchen und Weibchen **paaren** sich. Im Innern des Weibchens werden die Eier befruchtet **(innere Befruchtung).**

Sie legen zahlreiche befruchtete Eier ab. Bei vielen Insektenarten schlüpfen aus den Eiern Larven, die völlig anders aussehen und gebaut sind als die ausgewachsenen Insekten. Sie haben keine Flügel, fressen andere Nahrung, z. B. Blätter, und bewegen sich oftmals kriechend vorwärts. Sie wachsen und müssen sich dabei mehrere Male häuten.

Die letzte Larvenhaut erstarrt, wird fest. Es ist eine fast bewegungslose **Puppe** entstanden. In der Puppe entwickelt sich das **voll ausgebildete Insekt,** das die Puppenhaut verlässt.

Die Entwicklung vom Ei über ein Larven- und Puppenstadium zum ausgewachsenen Insekt wird **vollkommene Verwandlung (vollkommene Metamorphose)** genannt. Diese Form der Entwicklung gibt es u. a. bei *Käfern, Schmetterlingen* (Abb. 1) und *Zweiflüglern.*

Bei einigen Insekten wird während der Entwicklung kein Puppenstadium ausgebildet. Die aus den **befruchteten Eiern** schlüpfenden **Larven** sehen den ausgewachsenen Insekten schon sehr ähnlich. Sie wachsen und häuten sich und entwickeln sich zum **voll ausgebildeten Insekt.**

Die Entwicklung vom Ei über mehrere Larvenstadien zum ausgewachsenen Insekt wird **unvollkommene Verwandlung (unvollkommene Metamorphose)** genannt.

Diese Form der Entwicklung gibt es u. a. bei *Heuschrecken* (Abb. 2), *Wanzen, Libellen und Schaben.*

Insekten pflanzen sich geschlechtlich fort. Es werden bei ihnen zwei unterschiedliche Entwicklungsformen unterschieden, die unvollkommene und die vollkommene Metamorphose. M

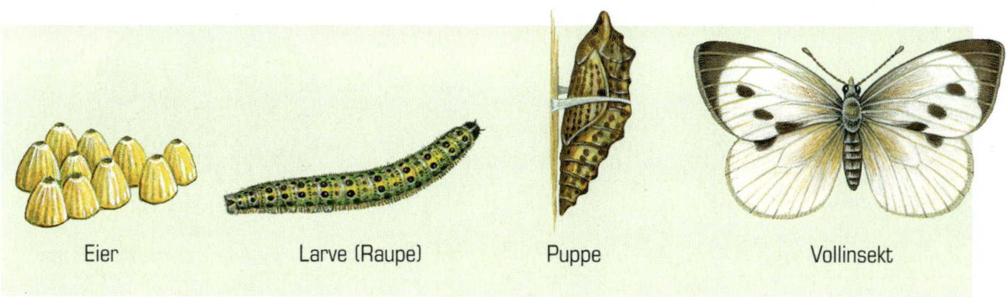

1 ▸ Vollkommene Verwandlung (vollkommene Metamorphose) des Kohlweißlings

2 ▸ Unvollkommene Verwandlung (unvollkommene Metamorphose) der Heuschrecke

Tierstaat als Form des Zusammenlebens

Im Wald kann man häufig beobachten, wie Ameisen auf einer „Ameisenstraße“ auf einen Ameisenhaufen zulaufen. Am Ameisenhaufen, dem Nest der Ameisen, herrscht reges Treiben. Einige tragen Kiefernnadeln heran, andere befördern größere Beutetiere, wie Käfer oder Raupen, zum Nest. Die Ameisen leben in einer **Tiergemeinschaft** zusammen. Sie wird **Tierstaat** genannt.

Die Anzahl der zusammenlebenden Tiere ist je nach Art unterschiedlich. Das Leben in diesen Staaten läuft nach strengen „Regeln“ ab und ist gekennzeichnet von einer **Arbeitsteilung.**

In einem Tierstaat gibt es unterschiedlich gebaute Lebewesen mit unterschiedlichen Aufgaben. Die Einzellebewesen sind voneinander abhängig.

Die Aufgabe eines Tierstaates besteht darin, Bedingungen zu schaffen, die die Erhaltung der Art garantieren. Zu den Tierarten, die in Staaten leben, gehören außer den Ameisen z. B. die *Honigbienen,* die *Wespen, Hummeln* und *Termiten.*

Die **Honigbiene** gehört zu den Staaten bildenden Insekten, die man auch als soziale Insekten bezeichnet. In einem Bienenstaat, dem Bienenvolk, können im Frühjahr und Sommer bis zu 80 000 Mitglieder leben.

Im Bienenvolk gibt es **drei Bienenformen,** deren Bau an ihre Lebensweise und ihre Funktion angepasst ist. Es werden die *Königin,* die *Drohnen* und die *Arbeitsbienen* unterschieden (s. unten). Während ihres Lebens erfüllen die einzelnen Bienenformen unterschiedliche Aufgaben.

Die **Königin** ist an ihrer Größe zu erkennen. In einem Bienenstaat gibt es nur eine Königin. Die Königin wird von den männlichen Bienen, den Drohnen, beim Hochzeitsflug begattet.

Die **Drohnen** haben sonst keine weitere Aufgabe. Daher werden sie nur bis zum Herbst von den Arbeitsbienen gefüttert und dann vertrieben oder getötet.

Die **Arbeitsbienen** erfüllen während ihres Lebens ganz unterschiedliche Aufgaben (s. S. 95).

Drei verschiedene Bienenformen im Bienenstaat

Die Königin (bis 20 mm)

- weibliche Biene mit gut entwickelten Geschlechtsorganen
- nur sie legt im Juni täglich ca. 3 000 Eier
- Mundwerkzeuge und Sammeleinrichtungen rückgebildet
- wird gefüttert
- lebt 3 bis 5 Jahre
- Entwicklungszeit 16 Tage, aus befruchtetem Ei

Der Drohn (bis 18 mm)

- männliche Biene mit gut ausgebildeten Geschlechtsorganen
- Rüssel verkürzt
- Sammeleinrichtungen und Stachel fehlen
- wird mit Blütenstaub gefüttert
- dient der Fortpflanzung
- lebt nur wenige Wochen, Entwicklungszeit 24 Tage, aus unbefruchtetem Ei

Die Arbeitsbiene (bis 15 mm)

- weibliche Biene mit verkümmerten Geschlechtsorganen
- guter Flieger
- sammelt Blütenstaub und Nektar, pflegt die Brut, baut die Waben, verteidigt das Volk
- besitzt Sammeleinrichtungen, Rüssel, Stachel
- lebt 4 bis 6 Wochen
- Entwicklungszeit 21 Tage, aus befruchtetem Ei

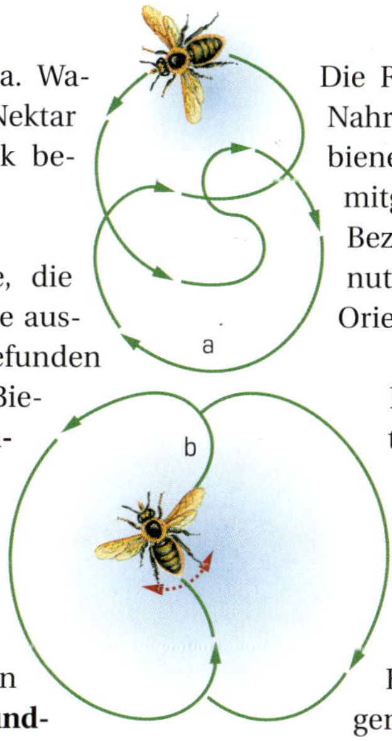

1 ▸ Rundtanz (a) und Schwänzeltanz (b) der Honigbiene

Arbeitsbienen müssen u. a. Waben bauen, putzen und Nektar sammeln, den Bienenstock bewachen (siehen unten).

Wenn eine Arbeitsbiene, die als *Sammlerin* tätig ist, eine ausgiebige Nahrungsquelle gefunden hat, teilt sie den anderen Bienen durch besondere **„Tänze"** auf den Waben den Standort ihrer gefundenen Nahrung mit. Diese Kommunikationsform ist den Tieren angeboren.

Die zurückkommenden Sammelbienen führen **Rundtänze** aus, wobei sie in Kreisbögen hastig abwechselnd nach rechts und nach links herumlaufen. Dabei geben sie Schnarrlaute und die Stockbienen geben Bettellaute von sich. Durch die Rundtänze werden die Stockbienen über die Entfernung der Nahrungsquellen, z. B. eines Rapsfeldes, informiert. Je langsamer der Tanzrhythmus ist, umso weiter entfernt liegt die Futterquelle.

Die Richtung, also die Lage der Nahrungsquelle, wird den Stockbienen über den **Schwänzeltanz** mitgeteilt. Dabei ist die Sonne Bezugspunkt. Die Bienen benutzen sie als Kompass für ihre Orientierung.

Durch ihre Lebenstätigkeiten ist die Honigbiene für den Menschen sehr **nützlich.** Ursprünglich waren die Honigbienen wild lebende Bienen. Schon lange werden Bienenvölker als Haustiere gehalten. Sie sorgen für die Bestäubung zahlreicher Blüten. Aus dem Nektar in den Waben bildet sich Honig, den wir Menschen nutzen. Die Waben der Honigbienen bestehen aus Wachs, das u. a. zu Kerzen verarbeitet wird.

Der Tierstaat ist eine Form des Zusammenlebens von Tieren einer Art mit Arbeitsteilung. M

Das Leben einer Arbeitsbiene

Putz- und Ammenbiene (1.– 9. Tag)

Während der ersten neun Tage ihres Lebens ist die Biene im Inneren des Stocks beschäftigt. Drei Tage lang säubert sie die Zellen und bereitet sie für die Eiablage der Königin vor. Danach füttert sie drei Tage lang die älteren Larven mit einer Mischung aus Honig und Pollen, in den letzten drei Tagen dann die jüngeren Larven mit einem Saft aus ihren Körperdrüsen.

Baubiene (10.=16. Tag)

Zwischen dem 10. und 16. Tag hat eine Biene viele Pflichten. Sie speichert Pollen und Nektar, den andere bringen, in besonderen Waben. Sie baut auch Waben, denn in dieser Zeit erzeugen die Drüsen in ihrem Hinterleib Wachs.

Wehrbiene (17.– 20. Tag)

Sie macht die ersten Erkundungsflüge, steht am Eingang des Stockes und hält Wache. Giftblase und Giftstachel sind einsatzbereit.

Sammel- oder Trachtbiene (21.Tag bis Lebensende)

Vom 21. Tag bis zu ihrem Tod geht die Biene auf Nahrungssuche. Sie sammelt Blütenstaub und Nektar, die sie in den Stock bringt.

Ökologische Bedeutung der Insekten

Insekten, die sich vom Nektar der Blüten ernähren, tragen unbewusst zur **Bestäubung** der Blüten bei. Denn bei ihrer Nahrungssuche kriechen sie in die Blüte hinein, dabei bleibt Blütenstaub an ihrem Körper hängen. Dann fliegen sie zur nächsten Blüte. Der am Körper haftende Blütenstaub wird auf die nächste Blüte übertragen. Damit sorgen sie also für eine ausreichende Bestäubung als notwendige Voraussetzung für die Bildung von Samen und Früchten.

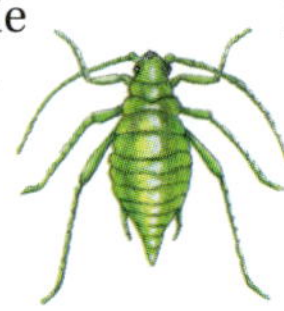

Andere Insekten **ernähren** sich von toten Tieren, abgestorbenen Pflanzen und Tierausscheidungen (z. B. Kot). *Aaskäfer* kann man z. B. beobachten, wie sie eine tote *Zauneidechse* fressen, oder *Mistkäfer*, wie sie einen Dunghaufen „durcharbeiten". Die Beseitigung toter Substanzen ist für den **Gesamthaushalt der Natur** von großer Bedeutung.

Unter den Insekten gibt es **Pflanzenfresser,** z. B. *Blattläuse, Borkenkäfer, Larven* vom Kohlweißling.

1 ▸ Honigbiene auf einer Blüte

2 ▸ Borkenkäfer

3 ▸ Ameisen „melken" Blattläuse

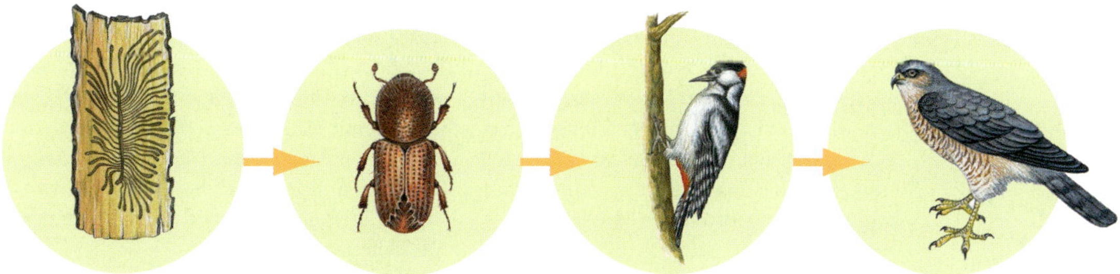

Pflanze | Pflanzenfresser | Fleischfresser | Fleischfresser

Blattläuse beispielsweise saugen aus Blättern und Stängeln Saft, so dass die Pflanzen Schaden nehmen. Die klebrige, zuckerhaltige Flüssigkeit wird von den Ameisen aufgenommen.

Andere Insekten, z. B. *Ameisen, Laufkäfer* und *Marienkäfer* sind **Fleischfresser**. Auf dem Speiseplan der *Marienkäfer* stehen u. a. auch *Blattläuse.*

So werden Insekten, die aufgrund der Art ihrer Ernährung Pflanzen schädigen, von anderen Insekten vernichtet.
Man spricht in dem Fall von einer **biologischen Schädlingsbekämpfung.**

Insekten bilden außerdem die **Ernährungsgrundlage** vieler anderer Lebewesen. Zum Beispiel ernähren sich Vögel, Frösche, Eidechsen und Kröten von Insekten oder ihren Larven und Puppen. So bestehen im Naturhaushalt enge **Nahrungsbeziehungen.**

1 ▸ Insekten sind Glieder einer Nahrungskette

Zahlreiche Insekten sind Blütenbestäuber oder Zersetzer toter Substanzen. Insekten sind für viele Tiere eine wichtige Nahrungsgrundlage. Damit sind sie ein notwendiges Glied im Stoffkreislauf der Natur. M

2 ▸ Mistkäfer auf einem Laubblatt

Schlupfwespen legen ihre Eier in Larven anderer Insekten. Die sich daraus entwickelnden Larven fressen von innen her den Wirt auf und vernichten somit schädliche Insektenlarven.

Einteilung der Insekten in Nützlinge oder Schädlinge?

Oft liest oder hört man, dass Tiere, Pflanzen, Bakterien oder andere Lebewesen in Gruppen wie Nützlinge oder Schädlinge eingeteilt werden. Bei näherer Betrachtung stellt man allerdings fest, dass dies eine willkürliche Einteilung **durch den Menschen** ist.

Die Beziehungen in der Natur kann man mit dem Wirken der Organe in unserem Körper vergleichen. Kein Organ ist unwichtig oder gar überflüssig. Kommt es zu Störungen eines Organs oder gar zum Ausfall, ist der ganze Organismus gefährdet.

Wie die Organe in unserem Körper stehen alle Arten von Tieren und Pflanzen in ihren Lebensräumen untereinander in Wechselwirkung, meist über Nahrungsbeziehungen. Für jede Pflanzen- oder Tierart gibt es biologische Gegenspieler, die die Zahl der Lebewesen in relativ festen Grenzen halten. Vermehrt sich eine Art plötzlich zu stark, z. B. *Blattläuse,* folgt darauf eine stärkere Vermehrung ihrer Fressfeinde, z. B. *Marienkäfer,* und reguliert die übermäßig angewachsene Blattlausanzahl. Ist das geschehen, geht auch die Anzahl der Fressfeinde zurück. In solch einem System gibt es also kein „nützlich" oder „schädlich".

Gäbe es dieses System der biologischen Gegenspieler nicht, so würden sich einzelne Arten ungehemmt vermehren und nach dem Verbrauch all ihrer Nahrung infolge Hungers aussterben.

Trotzdem ist es sinnvoll, Tiere und Pflanzen sowie Bakterien und Pilze nach ihrer Auswirkung auf die Lebensweise des Menschen einzuteilen. So kann man je nach **Schadwirkung** in *Pflanzenschädlinge, Material-, Vorrats-, Tier-* und *Gesundheitsschädlinge* des Menschen unterteilen.

Die **Gesundheitschädlinge** beeinträchtigen primär die Gesundheit des Menschen, da sie ihn selbst befallen. An erster Stelle der Gesundheitsschädlinge stehen die *Krankheitsüberträger.* Sie verbreiten Bakterien, Pilze oder Viren von Pflanze zu Pflanze, von Mensch zu Mensch oder von Tier zu Mensch. Manche dieser *Krankheitsüberträger* sind von Bedeutung für die Entwicklung der Krankheitserreger, z. B. die *Anophelesmücke* für die Entwicklung des Malariaerregers. Fliegen und Schaben übertragen Krankheiten nur durch Kontakte, rein mechanisch. Eine zweite Gruppe bilden die *Außenparasiten,* die uns meistens Blut entnehmen. Manche von ihnen besuchen uns nur kurzzeitig, z. B. Mücken, andere verbleiben fast ständig, sofern man sie nicht daran hindert, auf unserem Körper, z. B. Läuse.

Weiterhin beurteilt der Mensch Lebewesen, die allein durch ihre Anwesenheit sein Wohlbefinden stören, als **„Lästlinge".** In diese Gruppe fallen oft harmlose Lebewesen wie Spinnen, Schwebfliegen oder gar eigentlich **„Nützlinge"** wie Marienkäfer, wenn sie in Massen auftreten.

1 ▸ Marienkäfer beim Fressen von Blattläusen

2 ▸ Hausschabe – ein Haushaltsschädling

Schutz der Insekten

Unter den Insekten gibt es viele geschützte Arten. Der Bestand an Insektenarten geht ständig zurück.

In die **rote Liste** von Sachsen wurden u. a. der *Heldbock* und *Hirschkäfer* sowie die *Grüne Keiljungfer* und der *Große Moorbläuling* aufgenommen. Ihr Vorkommen ist an ganz spezielle ökologische Bedingungen, z. B. bestimmte Lebensräume, gebunden.

Ursachen für den Rückgang liegen u. a. darin, dass Flächen anders genutzt werden. Beispielsweise werden

- Trockenrasen aufgeforstet,
- die Zusammensetzung von Bäumen in Wäldern, Gärten oder Parks verändert,
- Feuchtgebiete trockengelegt,
- neue Wohngebiete angelegt.
- chemische Giftstoffe, z. B. Insektizide, versprüht.

Der beste **Schutz** für die Insekten ist die **Erhaltung ihrer Lebensräume.**

Hirschkäfer, stark gefährdet

Lebensraum: u.a. naturnahe, lichte und wärmebegünstigte Laubwaldbestände mit hohem Anteil an alten Bäumen
Merkmale: mit 90 mm der größte heimische Käfer, große geweihartige Oberkiefer der Männchen (haben den Käfern den Namen gegeben)
Vorkommen: nur wenige Tiere u.a. in der Umgebung Dresdens

Große Moosjungfer, stark gefährdet

Lebensraum: u. a. Moorrandgewässer, Zwischenmoortümpel, fischfreie Gewässer
Merkmale: mittelgroße Libelle, braunschwarz mit „weißem" Gesicht, Männchen: leuchtend gelber Fleck auf 7. Hinterleibsglied
Vorkommen: z.B. Oberlausitzer Heide- und Teichgebiet, Westlausitzer Hügel- und Bergland

Heldbock (auch Eich- oder Spießbock), vom Aussterben bedroht

Lebensraum: u.a. Alteichenbestände in lichten, naturnahen Laubmischwäldern und an Waldrändern
Merkmale: bis zu 50 mm lang, schwarzbrauner Körper und sehr lange Fühler (bis 100 mm)
Vorkommen: nur sehr vereinzelt, z. B. im Muldetal (Düben-Dahlener Heide)

Großer Moorbläuling, vom Aussterben bedroht

Lebensraum: Feuchtwiesen und Moorränder
Merkmale: Flügeloberseite beim Männchen hellgrau bis hellblau gefärbt, mit brauner Randbinde, Weibchen insgesamt dunkler, Flügelspannweite 3,5 bis 4 cm
Vorkommen: u.a. Raum Leipzig, Neißegebiet bei Görlitz

Erschließungsfeld

Information

Von den heute bekannten Insektenarten gelten nur ca. 2% als Staaten bildende Insekten. Das Zusammenleben in einem Insektenstaat hat den Vorteil, dass alle notwendigen Aufgaben durch eine kontinuierliche Arbeitsteilung zeitgleich erfüllt werden können.

1. Was weißt du von der Honigbiene (Bienenformen, Körperbau, Nahrung usw.)?
2. Begründe die Angepasstheit der Biene an ihre Lebensweise.
3. Nenne anfallende Aufgaben in einem Bienenstaat, die arbeitsteilig von den verschiedenen Mitgliedern gleichzeitig ausgeführt werden.

Um ein funktionierendes Zusammenleben von Mitgliedern im Bienenstaat zu sichern, müssen die Staaten bildenden Insekten miteinander kommunizieren, d. h. Informationen austauschen. Durch Sehen, Geruchs- und Geschmackseindrücke, Tastreize und Geräusche regulieren die Bienen ihr Leben in der Gemeinschaft.
Im Bienenstock kommt dem Sehen nur eine untergeordnete Bedeutung zu. Hier erfolgt die Kommunikation vor allem über mechanische (Berührungen, Luftschwingungen) und chemische (Geruchsstoffe) Signale.

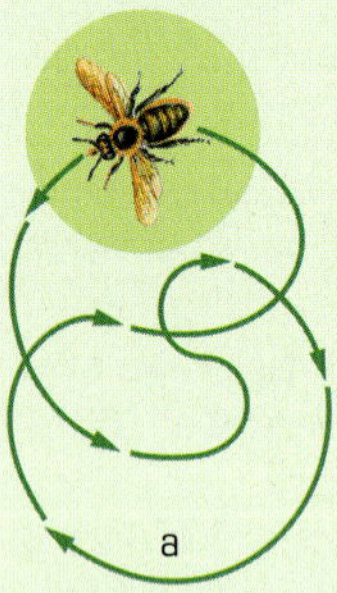

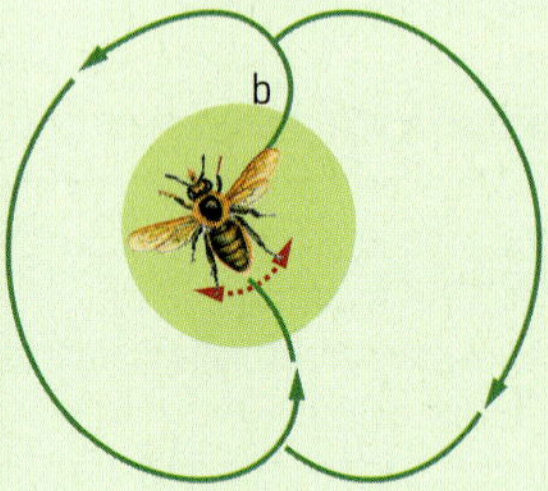

Erfolgreich in den Stock zurückgekehrte Sammlerinnen informieren ihre Stockmitglieder über attraktive Futterplätze. Dazu nutzen sie eine Abfolge verschiedener Tänze, die über Tast- und Geruchssinn entschlüsselt werden. Die Entfernung zur Futterpflanze wird durch die Art des Tanzes verschlüsselt.

Der **Rundtanz** (Abb. a) wird aufgeführt, wenn sich die Pflanze innerhalb eines 80 m-Radius befindet. Die Dauer und die Geschwindigkeit des Tanzes geben Auskunft über die Reichhaltigkeit der Futterquelle.
Ab etwa 50 m Entfernung führt die Biene den **Schwänzeltanz** (Abb. b) auf. Die Tanzdauer entspricht dabei der Entfernung und die Ausrichtung der Schwänzelstrecke der Richtung des Futterplatzes. Dabei spielt der aktuelle Sonnenstand eine entscheidende Rolle.

4. Stelle die Grundlage der Kommunikation in einem einfachen Fließschema (Sender-Empfänger-Modell) dar und erkläre das Schema.
5. Worüber müssen sich Honigbienen außerhalb des Bienenstockes informieren und welche Informationen tauschen sie vor allem im Stock untereinander aus?
6. Warum kommt den optischen Reizen (Sehen) im Bienenstock nur eine untergeordnete Bedeutung zu?

4

Projekt

Wirbellose Tiere im Haus

Viele wirbellose Tiere findet man auch in den *Räumen von Häusern* (z. B. in Kellern, auf dem Boden und auch in den Wohnräumen). Dazu gehören u. a. *Spinnen, Asseln, Ohrwürmer* und *Fliegen*. Außerdem findet man hier auch Organismen, die sonst nur in wärmeren Ländern vorkommen.

Für manche heimische wirbellose Tiere bieten Haus und Wohnung Unterschlupf, wenn die Lebensbedingungen im Freien ungünstig sind (z. B. *Spinnen* im Winter). Andere wiederum haben den von Menschen geschaffenen Lebensraum erobert und leben jetzt hauptsächlich in Häusern und Wohnungen (Kulturfolger).

Durch **einfache Untersuchungen** lässt sich leicht feststellen, welche wirbellosen Tiere die Unterkunft mit uns teilen.

Aufgabe:
Suche wirbellose Tiere im Haus.

Materialien:
Glasbehälter (z. B. leere Marmeladengläser mit durchstochenem Deckel, um die Luftzufuhr zu sichern), Pinzette, Bestimmungstabellen)

Durchführung:
1. Suche systematisch ein älteres Haus vom Boden über die Wohnung, den Treppenflur bis in den Keller nach wirbellosen Tieren ab.
2. Hast du ein Tier entdeckt, versuche es zu fangen und in einem der Glasbehälter unterzubringen.
3. Bestimme die gefangenen Tiere nach Abbildungen bzw. Bestimmungstabellen.

Auswertung:
1. Ermittle die Tierarten, die am häufigsten zu finden sind.
2. Versuche herauszufinden, welche Bedeutung diese Tiere für das Leben der Menschen haben. Nutze dazu das Internet.

Hinweis:
Nach der Ermittlung sind die Tiere wieder frei zu lassen (Tierschutz).

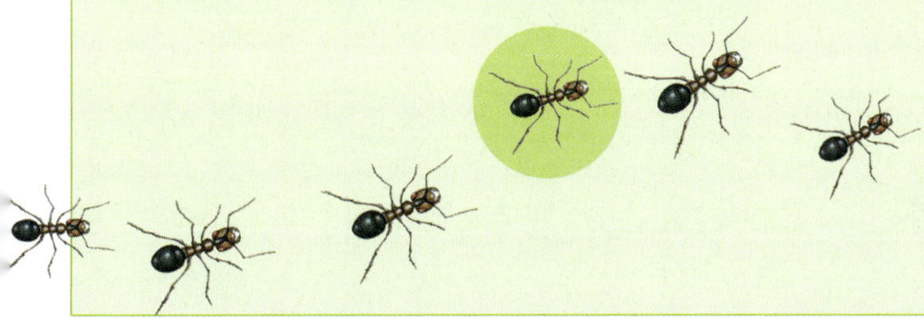

Projektstruktur

Projektidee

1. Wirbellose Tiere im Haus

Projektplan

2. Untersuchungen zu Tieren im Haus

Projektdurchführung

3. Untersuchungen zu den Tieren im Haus und Auswertung

Projektpräsentation

4. Darstellung der Ergebnisse

Projekt

Abb. 1:
Fliegenmade
(ca. 12 mm)

Abb. 3:
Hausspinne
(ca. 10 mm)

Abb. 2:
Raupe
(ca. 20 mm)

Abb. 5:
Zecke
(ca. 4 mm)

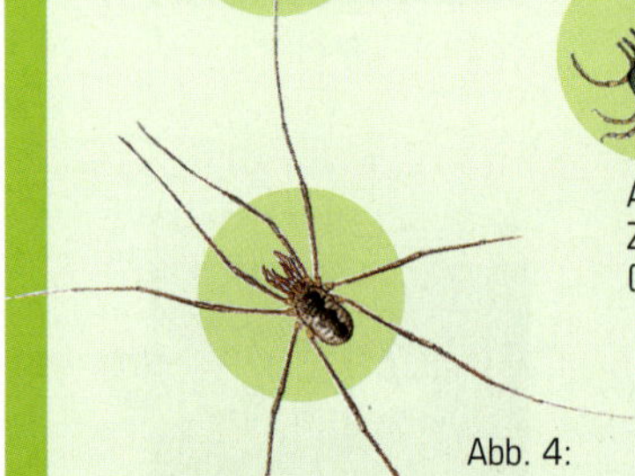

Abb. 4:
Weberknecht
(ca. 11 mm)

Abb. 6:
Milbe
(ca. 1,4 mm)

Abb. 8:
Gemeine Kugelassel
(Rollassel)
(bis 15 mm)

Abb. 7:
Kellerassel
(bis 16 mm)

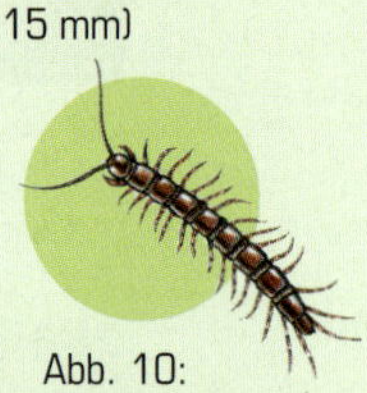

Abb. 10:
Steinläufer
(ca. 6 bis 32 mm)

Abb. 9:
Schnurfüßer
(ca. 10 bis 45 mm)

Abb. 11:
Gemeiner Ohrwurm
(ca. 9 bis 16 mm)

Wir bestimmen wirbellose Tiere, die in Häusern leben

1	• Tier wurmähnlich	2
1*	• Tier nicht wurmähnlich, anders gestaltet	3
2	• Tier ohne Beine, weißlich **Larven von Insekten** (z. B. Maden von Fliegen – Abb. 1)	
2*	• Tier mit Beinen **Larven von Schmetterlingen** (Raupen – Abb. 2)	
3	• Tier mit mehr als 6 Beinen	4
3*	• Tier mit 6 Beinen (Insekten)	6
4	• Tier mit 8 Beinen **Spinnentiere** Zu dieser Gruppe gehören Echte Spinnen (z. B. Hausspinne – Abb. 3), Weberknechte (Abb. 4), Zecken (Holzbock – Abb. 5) und Milben (Abb. 6)	
4*	• Tier mit mehr als 8 Beinen	5
5	• Körper lang-oval, abgeflacht, mit höchstens 10 Beinpaaren **Krebstiere** (z. B. Kellerassel – Abb. 7, Rollassel – Abb. 8)	
5*	• Körper lang gestreckt, mit weit mehr als 10 Beinpaaren, oft mit auffällig vielen Beinen **Tausendfüßer** (z. B. Schnurfüßer – Abb. 9, Steinläufer – Abb. 10)	
6	• Hinterleib mit 2 großen Zangen; Tier mit kurzen Flügeldecken (scheinbar ohne Flügel) **Ohrwürmer** (z. B. Gemeiner Ohrwurm – Abb. 11)	
6*	• Tier anders gestaltet	7
7	• Tier ohne Flügel	8
7*	• Tier mit Flügeln	9

4

Projekt

Wir bestimmen wirbellose Tiere, die in Häusern leben

8	• Hinterleib ohne Schwanzfäden, an der Unterseite keine Sprunggabel, Fühler mit mehr als 6 Gliedern (Lupe) **Urinsekten** (z. B. Springschwänze – Abb. 12)
8*	• Hinterleib mit 3 Schwanzfäden, an der Unterseite keine Sprunggabel, Fühler mit mehr als 6 Gliedern (Lupe) **Urinsekten** (z. B. Silberfischchen – Abb. 13)
9	• Flügel glasartig, durchsichtig 10
9*	• Flügel nicht glasartig, undurchsichtig, beschuppt oder chitinisiert 12
10	• Flügel in Ruhe dachförmig gehalten, glasklar (Vorder- und Hinterflügel etwa gleich groß) **Netzflügler** (z. B. Florfliegen – Gemeines Goldauge; stark genetzte Flügel, golden schimmernde Augen – Abb. 14)
10*	• Flügel in Ruhe flach über dem Hinterleib zusammengelegt 11
11	• Fühler stummelförmig kurz, starr (nur 2 Flügel, anstelle des 1. Flügelpaares zuweilen Schwingkölbchen sichtbar) **Zweiflügler** (z. B. Stechmücke – Abb. 15, Schnake – Abb. 16, Stubenfliege – Abb. 17)
11*	• Fühler lang, beim aktiven Tier ständig in Bewegung (4 Flügel, Vorderflügel deutlich größer als Hinterflügel) **Hautflügler** (u. a. Ameisen – Abb. 18, Hornissen – Abb. 19)
12	• Vorderflügel derb, chitinisiert **Käfer** (z. B. Laufkäfer – Abb. 20, Marienkäfer – Abb. 21)
12*	• Flügel beschuppt, undurchsichtig **Schmetterlinge** (z. B. Tagpfauenauge – Abb. 22, Brauner Bär – Abb. 23)

Abb. 12: Springschwanz (ca. 4 mm)

Abb. 13: Silberfischchen (ca. 10 mm)

Abb. 14: Florfliege (ca. 15 mm)

Abb. 15: Stechmücke (ca. 10 bis 15 mm)

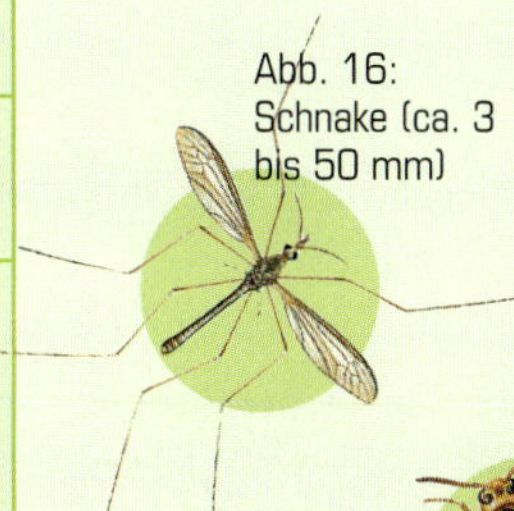
Abb. 16: Schnake (ca. 3 bis 50 mm)

Abb. 17: Stubenfliege (ca. 8 mm)

Abb. 18: Ameise (ca. 6 bis 13)

Abb. 19: Hornisse (bis 35 mm)

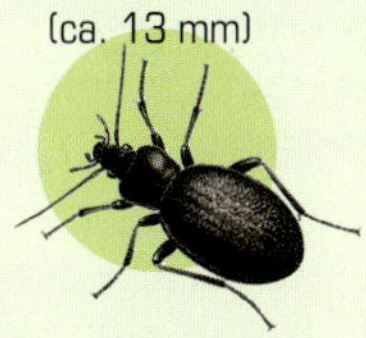
Abb. 20: Laufkäfer (ca. 13 mm)

Abb. 21: Marienkäfer (bis 8 mm)

Abb. 22: Tagpfauenauge (Spannweite bis 60 mm)

Abb. 23: Brauner Bär (Spannweite bis 65 mm)

gewusst · gekonnt

1. Nenne drei verschiedene Lebensräume und ordne ihnen je fünf verschiedene Insektenarten zu.

2. Die Atmung und das Kreislaufsystem der Insekten begrenzen ihre Größe.
   a) Erkläre, wie Insekten atmen.
   b) Beschreibe die Funktionsweise des Kreislaufsystems.
   c) Begründe, warum diese Form der Atmung aus physikalischen Gründen nur bei kleineren Tieren effektiv ist.

3. Beschreibe den äußeren Bau eines Insekts.

4. Erläutere die Angepasstheit der Beine von Maulwurfsgrillen und Honigbienen

5. Wirbeltiere haben ein Innenskelett und Insekten ein Außenskelett.
   a) Vergleiche beide Skelettarten miteinander.
   b) Ziehe Schlussfolgerungen, warum sich Insektenlarven beim Wachsen häuten müssen.

6. Die weit über 800 000 Insektenarten werden in mehr als 35 Ordnungen eingeteilt.
   a) Nenne 4 Insektenordnungen.
   b) Stelle für je einen Vertreter dieser Ordnungen einen Steckbrief auf.

7. Beschreibe an je einem selbst gewählten Artbeispiel die vollkommene und die unvollkommene Metamorphose.

8. Bei einigen Arten entwickelten sich im Laufe der Evolution Insektenstaaten als Form des Zusammenlebens.
   a) Was verstehst du unter dem Begriff Tierstaat?

   b) Nenne Vorteile des Zusammenlebens in einem Insektenstaat.
   c) Übernimm folgende Tabelle in dein Heft und ergänze sie.

Individuen des Bienenstaates	äußere Gestalt	Aufgaben

   d) Fertige eine Übersicht zum Leben einer Arbeitsbiene an. Verwende dazu entsprechende Literatur.
   e) Vergleiche die Struktur eines Bienenstaates mit der eines Wolfsrudels. Welche der beiden Tiergemeinschaften erfordert eine größere Leistungsfähigkeit des Gehirns?

9. Auch Termiten (Abb.) sind Staaten bildende Insekten.
Sammle mithilfe entsprechender Literatur (z. B. Bibliothek oder Internet) Informationen über einen Termitenstaat und halte einen Vortrag dazu.

10. Einige Insektenarten können unter Umständen bei uns Menschen erhebliche Schäden verursachen.
   a) Beschreibe Schäden, die einige Insektenarten anrichten können.
   b) Wie kann Schaden verhindert werden?

11. Borkenkäfer sind Holzschädlinge. Die Weibchen geben zur Paarung Sexuallockstoffe ab, um Männchen anzulocken. Über große Entfernungen nehmen die Männchen den Geruch wahr und fliegen unbeirrt auf die Duftquelle zu. Der Lockstoff der Weibchen kann künstlich hergestellt werden.
Erkläre, wie der Mensch diese Lockstoffe zur Bekämpfung dieser Schädlinge nutzt.

4

Das Wichtigste auf einen Blick

Die **Insekten** besiedeln fast alle Lebensräume und bilden die artenreichste Tiergruppe überhaupt.
Ihr Körper ist ungleichmäßig gegliedert in Kopf, Brust, Hinterleib. Sie besitzen gegliederte Beine. Sie gehören in die Gruppe der Gliederfüßer.

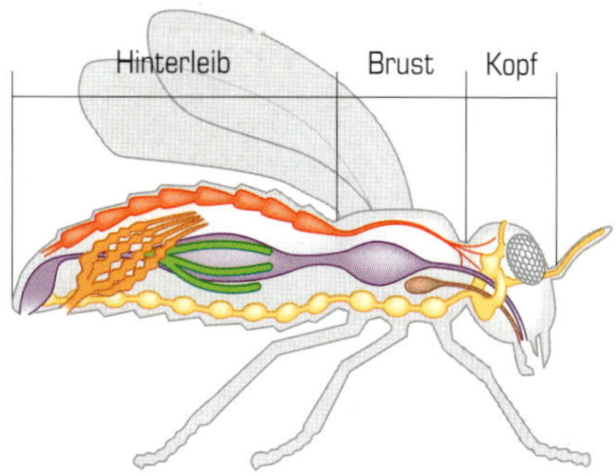

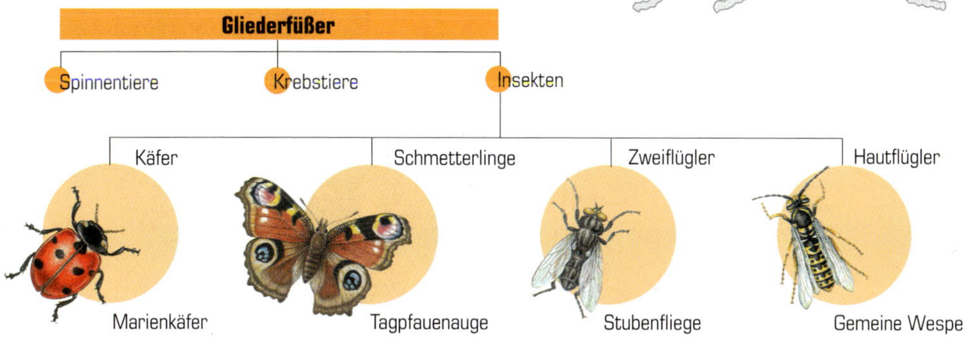

Am **Kopf** befinden sich meist paarige Augen, Fühler sowie Mundwerkzeuge.
Die Mundwerkzeuge sind an die jeweilige Ernährungsweise angepasst.
An der **Brust** befinden sich 3 Paar gegliederte Beine. Auch sie sind an die jeweilige Fortbewegung angepasst.

Das **Außenskelett** der Insekten besteht aus **Chitin.**
Insekten atmen durch **Tracheen** und pflanzen sich geschlechtlich fort.
Es werden zwei Entwicklungen unterschieden – **unvollkommene** und **vollkommene Metamorphose.**

Mundwerkzeuge und Beine (Honigbiene)

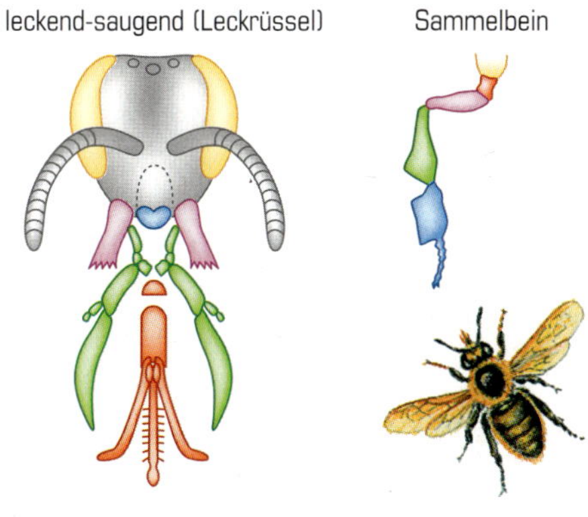

Atmung

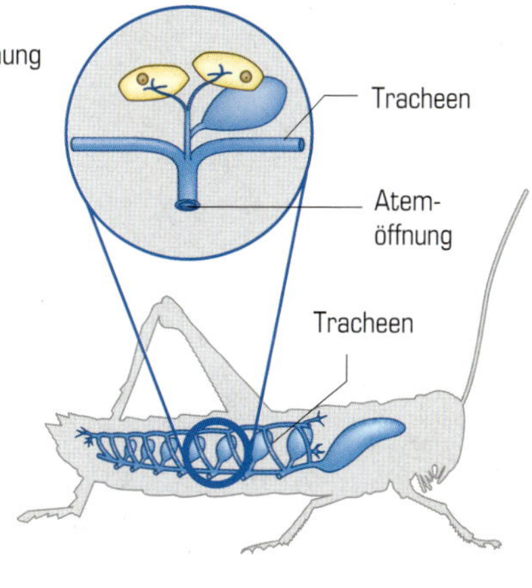

4.4
Parasitische Lebensweise bei wirbellosen Tieren

Tiere, die niemand sieht ⏩ Der Rinderfinnenbandwurm hat seinen Namen nach seiner Körperform, die einem Geschenkband gleicht. Er lebt im Darm des Menschen und ist kaum zu spüren. Die jeweils letzten Glieder des Tieres können mit dem Kot nach draußen gelangen.

Tiere, die niemand mag ⏩ Die Zecke lauert in Gebüschen und auf Ästen auf ihre Opfer. Laufen z. B. Menschen in ihrer Nähe entlang, lässt sie sich einfach fallen und klammert sich auf der Haut fest. Dann bohrt sie ihr Vorderteil langsam und unmerklich in die Haut.

Tiere, die fast niemanden verschonen ⏩ Der Madenwurm ist ganz klein und macht sich, wenn überhaupt, nachts bemerkbar. Dann kriecht er aus dem After des Menschen heraus und verursacht dadurch einen Juckreiz.

Die parasitische Lebensweise

Parasiten sind Organismen, die sowohl außen an anderen Lebewesen als auch in anderen Organismen leben, sich dort fortpflanzen und sich von diesen anderen Lebewesen direkt oder indirekt ernähren.

Leben sie außen an anderen Lebewesen, werden diese Tiere **Außenparasiten** genannt, leben sie im Körper von anderen Lebewesen, heißen sie **Innenparasiten.**

Ein Lebewesen, das einen Parasiten beherbergt, wird als **Wirt** bezeichnet. Viele Parasiten schmarotzen im Verlaufe ihres Lebens an verschiedenen, aber immer ganz bestimmten Wirten, sie vollziehen einen **Wirtswechsel.**

Häufig verändern Parasiten während ihrer Entwicklung ihre Körpergestalt, sie vollziehen einen **Gestaltwandel** (eine Metamorphose).

Den Wirt des erwachsenen Parasiten nennt man **Endwirt,** den des Parasiten im Jugendstadium **Zwischenwirt.**

Der Endwirt beherbergt also den geschlechtsreifen Parasiten, der Zwischenwirt die Larve.

Oft wird der Wirt in seinen Lebensfunktionen kaum gestört. Manche Parasiten sind aber sehr gefährlich und können ihrem Wirt gesundheitliche Schäden beifügen oder ihn auch töten. Viele Parasiten ernähren sich von Blut, andere von Körperteilen ihres Opfers, z. B. Muskeln, Haaren oder Haut, sowie vom nährstoffreichen Darminhalt des Wirtes.

Tsetsefliegen *(Abb. 1) sind Stechfliegen, die in Afrika leben. Sie ernähren sich von menschlichem und tierischem Blut und übertragen die Erreger der gefürchteten Schlafkrankheit.*

Die Übertragung auf die Wirte erfolgt beispielsweise durch unsaubere Nahrung, durch mit Parasiteneiern verschmutztes Wasser, infolge mangelnder Körperpflege oder durch die aktive Fortbewegung der Schmarotzer selber.

Parasitisch lebende Tiere bzw. ihre Larven können bei Tieren und dem Menschen gesundheitliche Schäden verursachen. Solche gesundheitlichen Schäden können u. a. Allergien, Brechreiz, Juckreiz, Durchfall, Fieber, Atemnot, Hirnhautentzündungen sein.

Zu den Parasiten, die die Gesundheit des Menschen beeinträchtigen, gehören z. B. *Bandwürmer (Hunde-, Fuchs-, Rinderfinnen-, Schweinefinnenbandwurm), Madenwurm, Zecke* (auch *Holzbock* genannt), *Menschenlaus, Menschenfloh, Spulwurm, Krätzmilbe.*

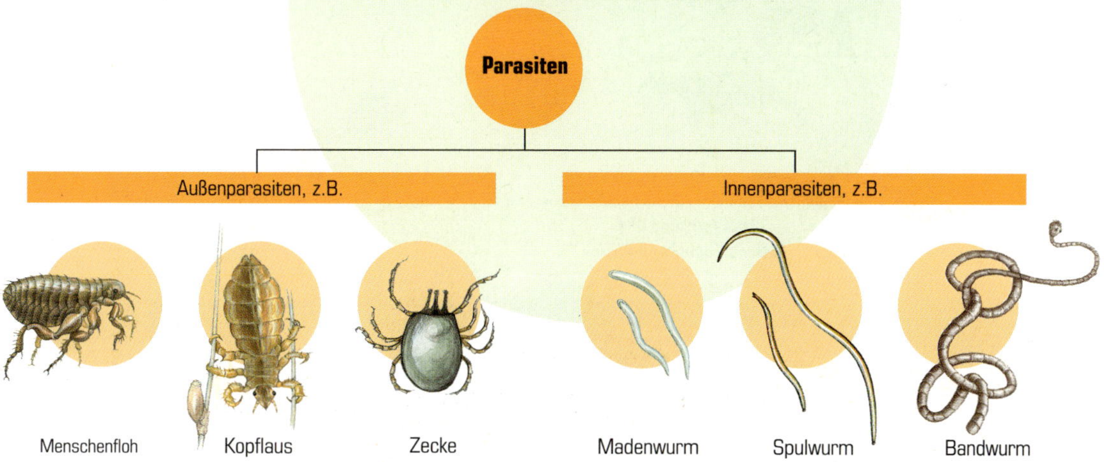

Der Kleine Fuchsbandwurm – ein Innenparasit

Den Namen Fuchsbandwurm erhielt der Innenparasit, weil sein wichtigster Endwirt der Fuchs ist. Man schätzt, dass in Bayern z. B. etwa jeder 3. bis 4. Fuchs diesen Bandwurm im Darm hat.

Der *Kleine Fuchsbandwurm* (Abb. 1) gehört zu den sog. Innenparasiten und lebt vor allem im Dünndarm des Fuchses **(Endwirt).** Er wird ca. 4 mm lang. Sein Körper besteht aus einem **Kopf** und max. vier bis fünf **Gliedern.** An dem Kopf befinden sich Saugnäpfe und ein Hakenkranz, die zum Festhalten in der Darmwand dienen. Das letzte Glied enthält die reifen Eier (Abb. 1).

Die reifen Eier gelangen mit dem Kot nach außen. Auf der Suche nach Nahrung nehmen vor allem **Nagetiere** (z. B. *Feld-* und *Wühlmäuse*) diese Eier mit auf. Im Dünndarm dieser Tiere, die **Zwischenwirte** sind, schlüpfen aus den Eiern die *Hakenlarven.* Diese gelangen mit dem Blutstrom meist in die Leber und wachsen dort wie ein Tumor. Dabei zerstören sie die Leber.

Werden die befallenen Zwischenwirte dann vom Fuchs gefressen ist der Kreislauf geschlossen. Denn im Darm des Fuchses werden die Larven frei und entwickeln sich zu erwachsenen Bandwürmern. Der Kreislauf beginnt von vorn. Während seiner Entwicklung macht der *Kleine Fuchsbandwurm* also einen **Wirtswechsel** durch.

Auch für den Menschen ist der *Kleine Fuchsbandwurm* gefährlich. Denn anstelle der Nagetiere kann er auch Zwischenwirt sein. Die Aufnahme der Eier erfolgt meist durch den Verzehr verschmutzter Waldfrüchte oder roher Pilze im Wald. Aus den Eiern schlüpfen dann die Hakenlarven, die sich ebenfalls in der Leber festsetzen. Allerdings wachsen die Larven im Menschen wesentlich langsamer. Und Anzeichen für eine Erkrankung treten oft erst nach 10 Jahren auf. Ohne Behandlung führt diese Erkrankung noch heute zum Tode.

Vorsichtsmaßnahmen

- Hände nach Arbeiten im Freien, vor allem nach Kontakt mit Erde und Gras, gründlich waschen
- Waldfrüchte gründlich waschen bzw. nicht ungekocht essen
- Hunde und Katzen, die im Freiland Mäuse fangen, alle 6 Wochen gegen Wurmbefall behandeln
- Kontakt zu Füchsen meiden

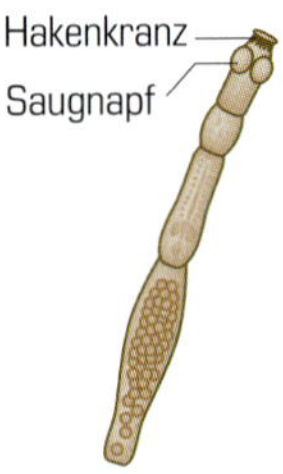

1 ▸ Kleiner Fuchsbandwurm

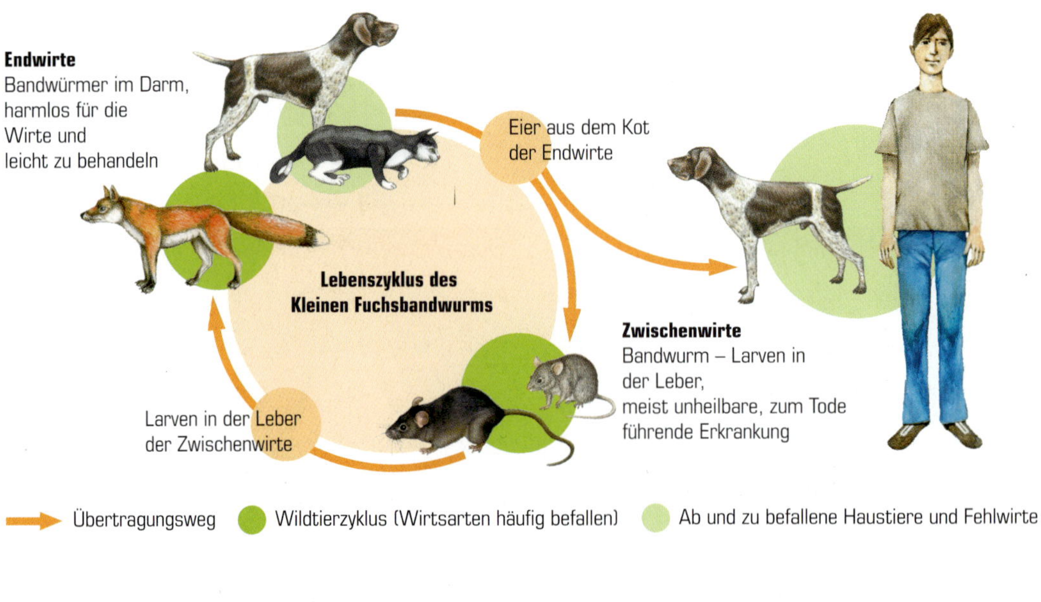

Weitere Innenparasiten

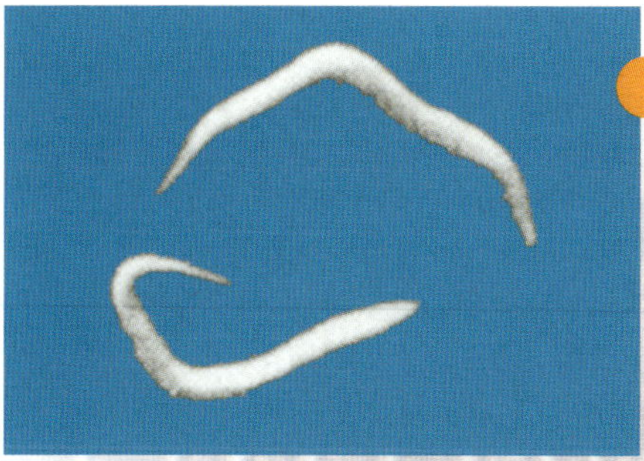

Madenwurm

Merkmale: 6 –12 mm lang, weiß, drehrund im Querschnitt

Schadwirkungen: lebt im Dickdarm des Menschen, Ablage der Eier des Nachts in Aftergegend, unangenehmer Juckreiz, Schlafstörungen, Appetitlosigkeit, Gewichtsverlust, Nervosität

Prophylaxe: Sauberkeit des Körpers, Obst und Gemüse waschen

Spulwurm

Merkmale: 20 – 40 cm lang, bleistiftdick, drehrund im Querschnitt, ungegliedert

Schadwirkungen: lebt im Dünndarm z. B. des Menschen, Entwicklung erfolgt im menschlichen Körper (Ei im Darm, Larve in Lunge, Wurm im Dünndarm), bewirkt Lungenentzündung, Leibschmerzen, Erbrechen, Durchfall, Krämpfe

Prophylaxe: Sauberkeit des Körpers, Obst und Gemüse waschen

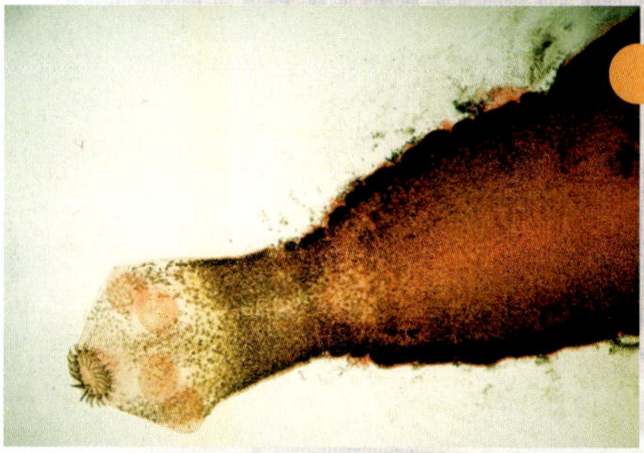

Hundebandwurm

Merkmale: 3 – 6 mm lang, 3 – 5 Glieder, Kopf mit Hakenkranz und Saugnäpfen; Mensch Zwischenwirt, Hund Endwirt

Schadwirkungen: faust- bis kindskopfgroße Finnen in Organen wie Lunge, Leber, Gehirn, hat Tod des Zwischenwirtes (z.B. des Menschen) zur Folge

Prophylaxe: Sauberkeit der Hände, nicht vom Hund lecken lassen, Obst und Gemüse gründlich waschen

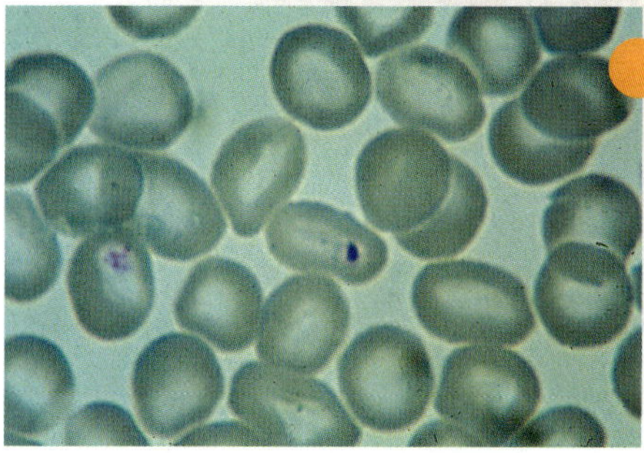

Plasmodium

Merkmale: eines der gefährlichsten einzelligen Lebewesen in den Tropen

Schadwirkungen: wird durch einen Stich der Anophelesmücke in den menschlichen Körper übertragen und verursacht die tödlich verlaufende Malaria tropica (Wechselfieber)

Prophylaxe: **nicht** von der Mücke stechen lassen, Insekten abweisende Mittel auf Haut auftragen (Malariaprophylaxe)

Der Holzbock – ein Außenparasit

Der *Holzbock* (Zecke, Abb. 1) gehört zu den Spinnentieren. Er ist eine häufige einheimische Zecke. Holzböcke sind gelbbraune, rotbraune oder graubraune Tiere, die durch die Haut von Menschen oder Tieren Blut saugen. Dabei sind sie in der Lage, im Verlaufe von fünf Tagen das Zweihundertfache ihres Körpergewichts an Wirtsblut aufzunehmen. Normalerweise ist der *Holzbock* 1 bis 4 mm lang. Er erreicht eine Körperlänge bis zu 11 mm, je nach Menge der aufgenommenen Nahrung.

Die auf niedrigen Bäumen und Büschen auf einen **Wirt** wartende Zecke verfügt in den Vorderbeinen über ein empfindliches Sinnesorgan, mit dem sie ihre Opfer wahrnimmt. Das Zeckenweibchen lässt sich herunterfallen und klammert sich dann blitzschnell z. B. an einem vorbeilaufenden Säugetier oder Menschen fest. Mit ihren Stechwerkzeugen bohrt die Zecke sich in die Haut des Wirtes. Da ihre Mundwerkzeuge mit Widerhaken besetzt sind, haftet der Parasit fest in der Haut.

Hat die Zecke sich voll Blut gesaugt, schwillt ihr Hinterleib stark an. Sie verlässt den Wirt und verkriecht sich in ein Versteck. Von diesem Blutvorrat kann sie etwa eineinhalb Jahre leben. Der Einstich selbst wird kaum bemerkt. Nach einiger Zeit kommt es jedoch zu Juckreiz und Entzündungen, da die Zecke Giftstoffe in die von ihr hervorgerufene Wunde abgibt. Der Mensch wird vorwiegend im Wald befallen, meist nur von einzelnen Tieren, die er nicht so leicht entfernen kann. Dabei muss beachtet werden, dass bei gewaltsamer Entfernung die Mundwerkzeuge abreißen und sich an der Stelle Geschwüre bilden können.

Da dieser Schmarotzer wahllos an verschiedenen Wirten saugt, überträgt er viele auch tödlich verlaufende **Infektionskrankheiten.**

In einigen Gegenden Deutschlands übertragen Zecken beispielsweise den Erreger einer gefährlichen Hirnhautentzündung. Vorbeugend kann man sich gegen diese Erkrankung impfen lassen.

Besser ist es also, bei Zeckenbefall sofort den Arzt aufzusuchen.

Die Zecke ist ein Außenparasit, der sich von Blut ernährt und durch den Kontakt mit dem Blut in den Blutbahnen des Wirtes gefährliche Infektionskrankheiten überträgt.

1 ▸ Zecke

Weitere Außenparasiten des Menschen

Krätzmilbe

Merkmale: ca. 0,4 mm lang, Körper sackförmig, kurze Vorderbeine mit Saugnäpfen
Schadwirkungen: lebt in der Haut des Menschen, Larven fressen Gänge; quälender Juckreiz, Wunden, Entzündungen
Prophylaxe: Sauberkeit des Körpers

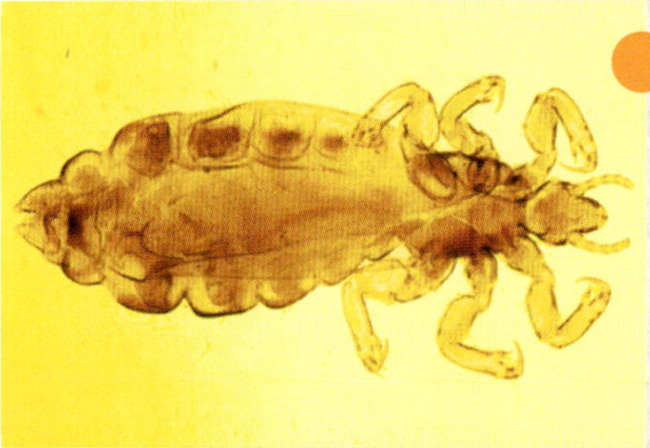

Kopflaus

Merkmale: bis 3 mm lang, stechend-saugende Mundwerkzeuge, Körper abgeplattet, flügellos, Chitinpanzer, Klammerbeine
Schadwirkungen: lebt zwischen den Haaren auf der Kopfhaut, saugt Blut, aus Eiern („Nissen") schlüpfen Blut saugende Larven; Juckreiz, Krankheitsüberträger (z. B. Flecktyphus)
Prophylaxe: kaum möglich; Bekämpfung durch Haarwaschmittel aus der Apotheke

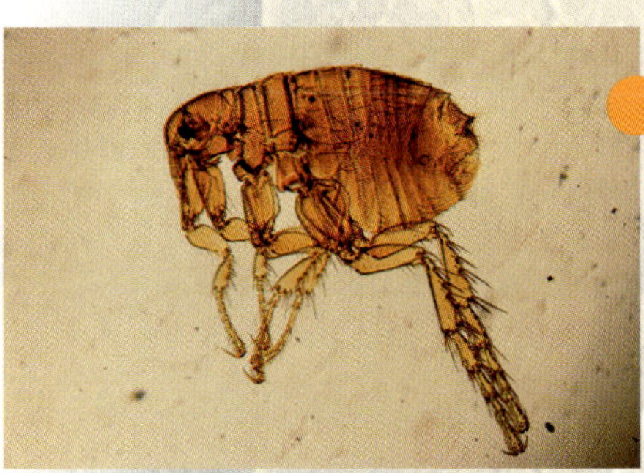

Menschenfloh

Merkmale: bis 3 mm lang, seitlich zusammengedrückter Körper, Hinterbeine kräftige Sprungbeine, Stechrüssel
Schadwirkungen: saugen an Haut Blut, „Flohstiche", unangenehmer Juckreiz, Wunden
Prophylaxe: Sauberkeit der Wohnung

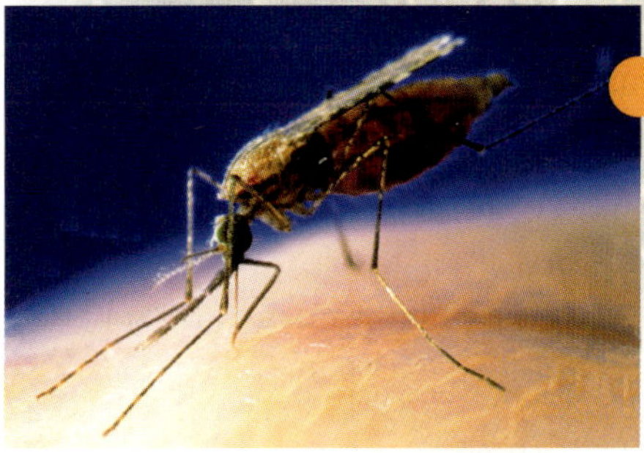

Malariamücke (Anopheles gambiae)

Merkmale: ca. 6 mm, schwarz-weiß gestreifte Musterung, lange, nach hinten gebogene Hinterbeine;
Schadwirkungen: Weibchen saugen menschliches oder tierisches Blut, übertragen Malaria-Erreger
Prophylaxe: **nicht** von der Mücke stechen lassen, Anbringen von Fliegengitter vor den Fenstern und Moskitonetzen, engmaschige Netze nutzen

gewusst · gekonnt

1. Ordne in einer Tabelle einige Beispiele von Parasiten nach Außenparasiten bzw. Innenparasiten.

2. Erläutere die Begriffe Wirt, Endwirt und Zwischenwirt.
Beschreibe an einem Beispiel den Zusammenhang zwischen diesen Begriffen

3. Ordne in einer Tabelle verschiedenen Parasiten Lebensraum und Nahrung zu.

4. Rinderfinnenbandwurm und Schweinefinnenbandwurm sind für Menschen als Innenparasiten nicht sehr gefährlich.
   a) Beschreibe den Körperbau eines Rinder- oder Schweinefinnenbandwurms.
   b) Begründe, warum der Nahrungsbrei im menschlichen Darm durch Darmbewegungen nach außen gelangt, der Bandwurm aber nicht.
   c) Begründe, warum Bandwürmer, die wie alle Lebewesen zu großen Teilen aus Eiweißen bestehen, im menschlichen Darm nicht verdaut werden. Im menschlichen Darm wird normalerweise Eiweiß verdaut.
   d) Fertige ein Schema vom Entwicklungszyklus eines Rinder- oder Schweinefinnenbandwurms an. Nutze dazu das Internet oder Fachbücher.
   e) Nenne und begründe Maßnahmen, wie du dich vor Bandwurmbefall schützen kannst.
   f) Begründe, warum trotz hoher Eizahl der Befall des Menschen durch Innenparasiten verhältnismäßig selten ist.

5. Hunde- und der Fuchsbandwurm sind für den Menschen gefährlich.
   a) Stelle die Entwicklung des Hundebandwurms in einem Schema dar.
   b) Begründe seine besondere Gefährlichkeit für den Menschen.
   c) Nenne und begründe Maßnahmen, wie du dich vor diesen Bandwürmern schützen kannst.

6. Madenwürmer kommen bei Kindern recht häufig vor. Sie sind nicht gefährlich, können aber sehr lästig werden.
   a) Begründe, warum Madenwürmer Parasiten sind.
   b) Beschreibe ihren Bau und ihre Entwicklung.
   c) Wie kann man sich schützen?

7. Bandwürmer und Madenwürmer sind als Innenparasiten an ihre Lebensweise im Darm ihrer Wirte angepasst.
Vergleiche beide Parasiten, gehe dabei auf die Angepasstheit an ihre Lebensweise ein.

8. Begründe, warum man sich vor dem Essen die Hände waschen und kein ungewaschenes Obst und Gemüse essen soll.

9. Die meisten Außenparasiten ernähren sich vom Blut ihrer Wirte.
   a) Warum gerinnt beim Blutsaugen nicht das Blut der Wirte? Welche Gefahr steckt dahinter?
   b) Nenne einige Außenparasiten und erläutere ihre Angepasstheit an ihre Lebensweise.

10. Warum ist die Zecke ein besonders gefährlicher Parasit, obwohl sie selber geringe Schadwirkung hat?

11. Warum ist es falsch, bei Parasitenbefall aus Scham nicht zum Arzt zu gehen?

12. Begründe, warum gerade in ärmeren, tropischen Entwicklungsländern der Parasitenbefall der Bevölkerung und ihrer Haustiere sehr hoch ist.

Das Wichtigste auf einen Blick

Parasiten

Lebensweise von Parasiten

Parasiten sind Lebewesen, die in oder an anderen Organismen leben, sich von ihnen ernähren und sie dadurch schädigen. Die Lebewesen, von denen sie sich ernähren, nennt man **Wirt.**

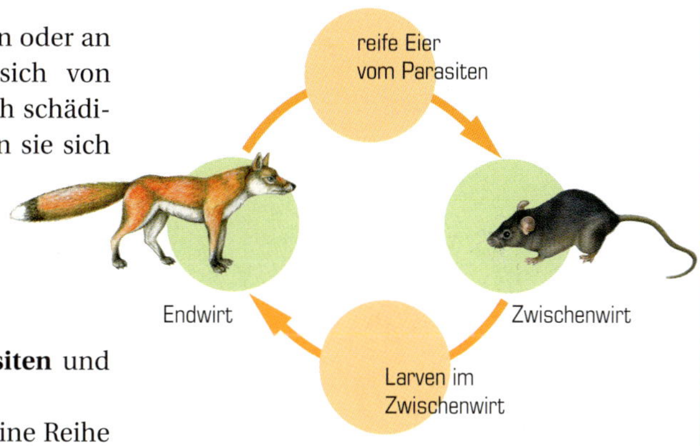

Einteilung der Parasiten

Man unterscheidet **Innenparasiten** und **Außenparasiten.**

Unter den Wirbellosen gibt es eine Reihe von Tieren, die parasitisch leben. Dazu zählen u. a. Bandwürmer, Madenwürmer, Spulwürmer (als Innenparasiten) und Holzböcke, Läuse, Milben (als Außenparasiten).

Außenparasiten, z.B.:

Innenparasiten, z.B.:

Schutz vor Parasiten

Durch **vorbeugende Maßnahmen** (Prophylaxe) kann man erreichen, dass sich die Parasiten gar nicht erst im Körper ansiedeln bzw. nicht weiter ausbreiten können.

Zu den vorbeugenden Maßnahmen gehören u. a. eine ausgewogene, aber gründliche Körperhygiene, Hygiene bei der Nahrungszubereitung und Nahrungsaufnahme (Obst und Gemüse waschen bzw. kochen).

Bei Reisen in die Tropen sollte man sich vorher unbedingt mit seinem Hausarzt beraten.

Bei **Befall mit Parasiten** sollte unbedingt eine Arzt aufgesucht werden, der die entsprechenden Medikamente verschreibt.

5 Systematisierung

5

Wirbellose und Wirbeltiere im Vergleich

Artenzahl auf der Erde noch immer unbekannt ▸▸ Die Bestandsaufnahme der Tiere und Pflanzen auf unserem Planeten ist bis heute nicht abgeschlossen. Man nimmt an, dass es auf der Erde derzeit bis zu 20 Millionen Arten gibt.

Vielfalt der Tiere ▸▸ Neben den vielen unterschiedlichen Merkmalen von Tieren, z. B. Gestalt, Größe, Gliedmaßen, Fortbewegung, gibt es viele übereinstimmende Merkmale. Durch diese ist es möglich, Tiere in bestimmte Gruppen zu ordnen, z. B. in Wirbeltiere und wirbellose Tiere.

Angepasst an die sonderbarsten Lebensräume ▸▸ Sowohl Wirbellose als auch Wirbeltiere sind durch ihren Bau an ihren Lebensraum optimal angepasst. So können einige Tiere auch unter den Bedingungen in der Tiefsee, in heißen Quellen oder im Polareis überleben.

Skelette von Tieren

Die Einteilung des Tierreichs in **Wirbeltiere** und **Wirbellose** (wirbellose Tiere) geht auf JEAN BAPTISTE DE LAMARCK zurück. Er teilte die Tiere nach dem Vorhandensein oder Fehlen einer Wirbelsäule in diese beiden Gruppen. Aufgrund der Vielzahl der wirbellosen Tiere untergliederte er diese in unterschiedliche Stämme.

Wirbellosen Tieren fehlen ein **knöchernes Innenskelett** und eine **Wirbelsäule.**

Zu den unterschiedlichen Stämmen gehören beispielsweise Einzeller, Plattwürmer, Weichtiere, Ringelwürmer und Gliederfüßer. Zum Stamm der **Gliederfüßer** gehören u. a. die Spinnentiere, Krebstiere und Insekten.

2 ▸ Honigbiene

Der Körper der *Honigbiene* (ein Insekt) ist fest und trocken. Ihr Körper ist von einer stabilen Hülle, die aus **Chitin** besteht, bedeckt. Vergleicht man den äußeren Bau der Honigbiene mit dem anderer Gliederfüßer (z. B. Spinnentiere, Insekten und Krebstiere), stellt man Gemeinsamkeiten fest. Sie alle besitzen ein **Außenskelett aus Chitin.** Es schützt den Körper vor Austrocknung und gibt ihm Halt und Festigkeit.

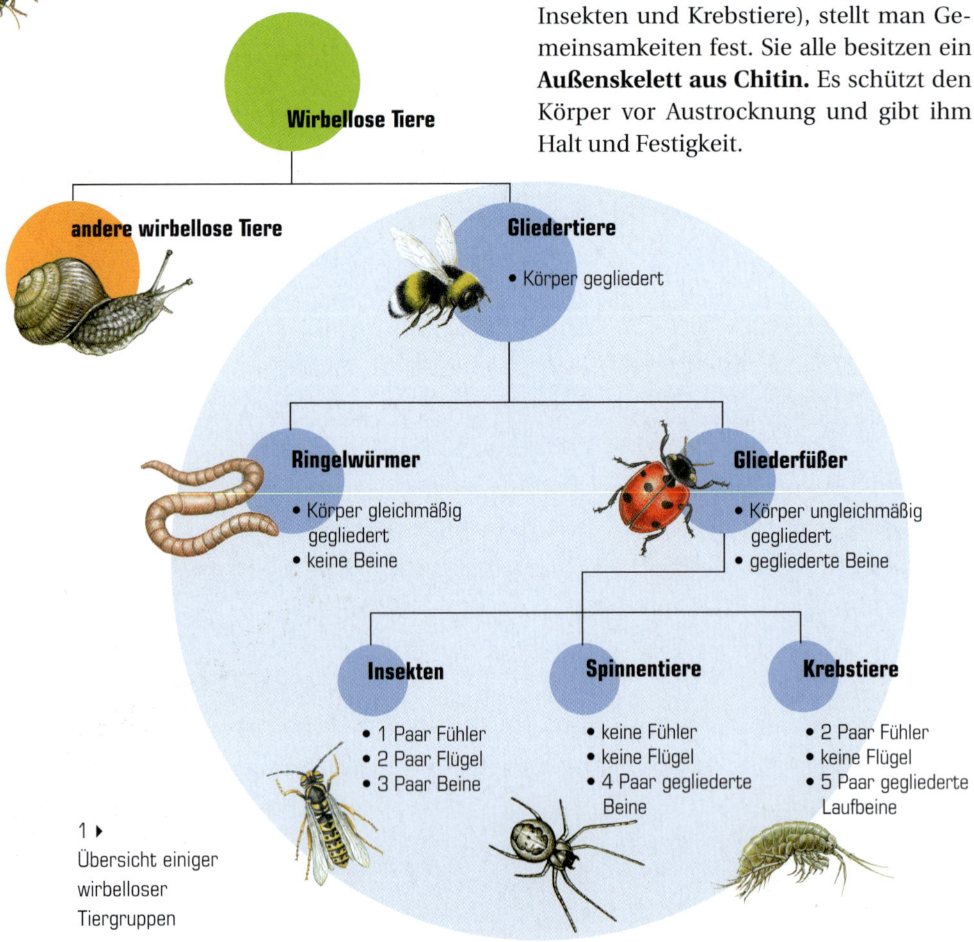

1 ▸ Übersicht einiger wirbelloser Tiergruppen

Vergleicht man **Wirbeltiere** wie *Stichling, Gelbbauchunke, Zauneidechse, Meise* und *Katze* miteinander, kann man bei allen Tieren feststellen, dass ihr Körper in bestimmte Abschnitte gegliedert ist. Das sind **Kopf, Rumpf, Schwanz** und **Gliedmaßen.**

Bei Fischen sind die Gliedmaßen Flossen, bei den anderen Tieren Beine. Bei Vögeln sind die Vordergliedmaßen zu Flügeln umgewandelt.

Im Inneren der genannten Tiere befindet sich ein **Skelett** aus Knochen. Es ist – entsprechend der Körpergliederung – in Abschnitte gegliedert. Diese Tiere besitzen alle einen **Schädel,** eine **Wirbelsäule mit Rippen** und eine Schwanzwirbelsäule. Letztere ist nicht bei allen Wirbeltieren vorhanden.

Fische besitzen Flossenstrahlen, die übrigen Tiere haben noch einen Schulter- und Beckengürtel sowie ein Brustbein (Vögel und Säuger; s. Übersicht).

Wirbeltiere und ihre Skelette

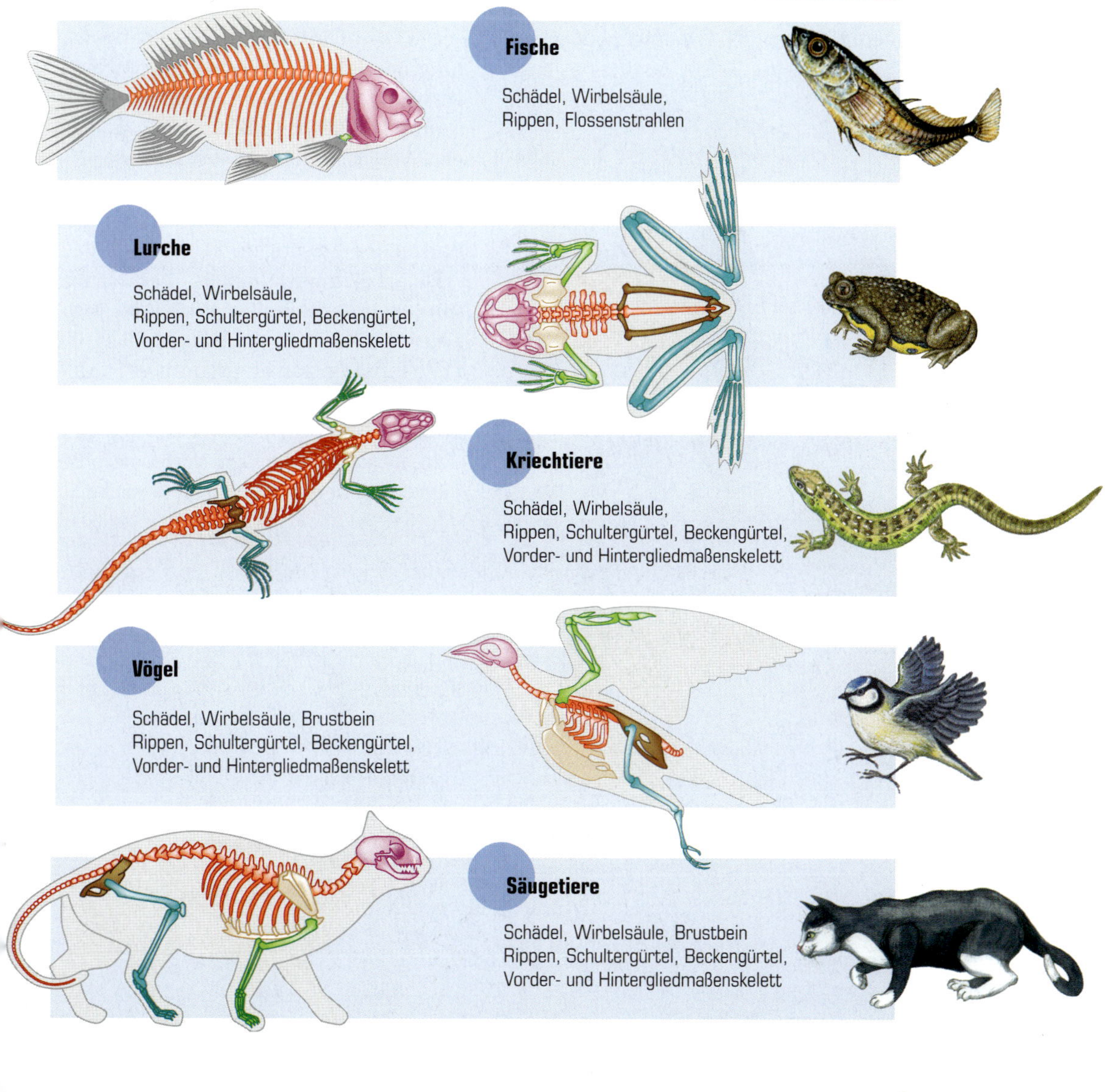

Atmung in Abhängigkeit vom Lebensraum

Die Atmungsorgane der Tiere sind an ihren jeweiligen Lebensraum angepasst. **Wirbeltiere** besiedeln fast alle Lebensräume. **Fische** leben im **Wasser** und atmen durch **Kiemen.** Durch den Bau der Kiemen (sehr viele und zarte Kiemenblättchen) wird eine große Oberfläche für den **Gasaustausch** geschaffen. So kann genügend im Wasser gelöster Sauerstoff aufgenommen werden und mithilfe des Blutes in alle Teile des Fisches transportiert werden. Gleichzeitig wird Kohlenstoffdioxid aus dem Blut über die Kiemenblättchen in das Wasser abgegeben.

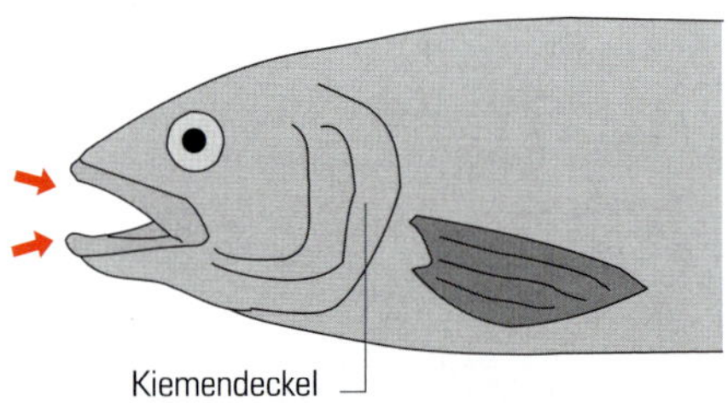

1a ▸ Einströmen des Wassers in das Maul des Fisches

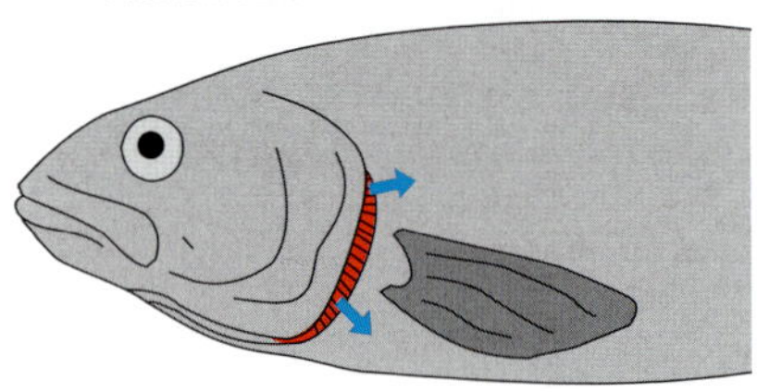

1b ▸ Ausströmen des Wassers aus den Kiemenhöhlen

Alle auf dem Land lebende Wirbeltiere atmen durch **Lungen.** Der Bau und die Leistungsfähigkeit unterscheiden sich dabei sehr stark.

Lurche besitzen einfach gekammerte sackförmige Lungen. Die geringe Leistungsfähigkeit der Lungenatmung wird durch zusätzliche **Hautatmung** ergänzt. Dafür ist aber eine dünne, nackte, feuchte Haut Voraussetzung. Um ein Austrocknen zu verhindern, sind die Lurche an ein Leben in feuchter Umgebung gebunden.

Die Fortpflanzung und Larvenentwicklung der Froschlurche vollzieht sich im Wasser. Die damit im Zusammenhang stehende Metamorphose umfasst auch eine Veränderung der Atmungsorgane – aus den büschelartigen Außenkiemen entwickeln sich zunächst innere Kiemen und später die Lungen.

Die Leistungsfähigkeit der Lunge nimmt innerhalb der Wirbeltiergruppen zu. Das liegt u.a. daran, dass die Lunge immer stärker gekammert ist und sich dadurch die **innere Oberfläche vergrößert.** Der Austausch der Atemgase wird dadurch erheblich verbessert. Bei Vögeln existieren zusätzlich Luftsäcke.

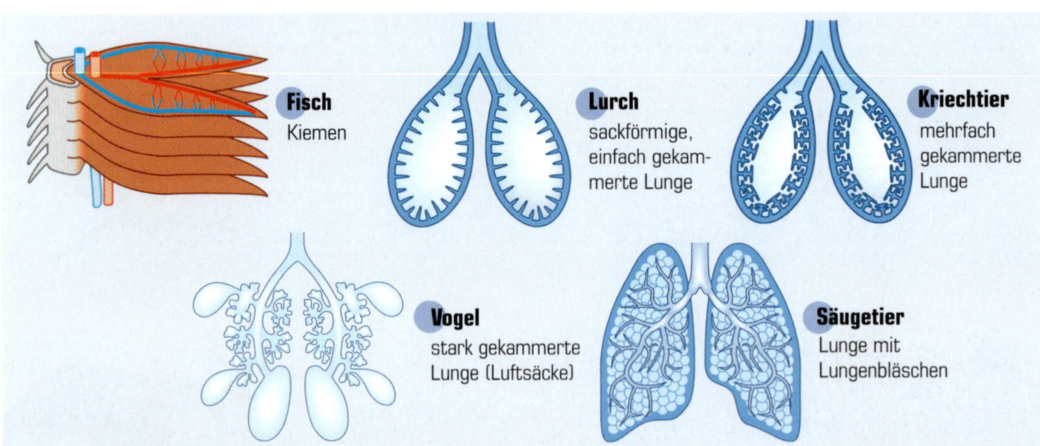

2 ▸ Atmungsorgane der Wirbeltiere

Auch bei **wirbellosen Tieren** ist die Atmung abhängig vom Lebensraum.

Insekten beispielsweise besitzen Atmungsorgane, die eine Angepasstheit an das **Landleben** darstellen. Sie atmen über **Tracheen,** die sich im Inneren des Körpers befinden. Dadurch kann die feuchte dünne Oberfläche nicht austrocknen.

Tracheen sind fein verzweigte Atemröhren, die sich durch den ganzen Körper eines Insekts ziehen und durch ihre Verästelungen fast jede einzelne Zelle erreichen. So kann der Gasaustausch direkt zwischen den Tracheen und den Zellen stattfinden. An der Körperoberfläche befinden sich beidseitig Atemöffnungen.

Durch eine Pumpbewegung pressen die Insekten sauerstoffreiche Luft in die Tracheen und sauerstoffarme nach außen.

Wirbellose Tiere leben z. T. im **Wasser.** Dazu gehören u. a. Krebstiere, Schnecken und Muscheln. Diese Tiere können den im Wasser gelösten Sauerstoff über **Innen- oder Außenkiemen** aufnehmen. Die Haut dieser Kiemen ist sehr dünn. Das erleichtert den Gasaustausch bzw. macht ihn erst möglich.

Manche Wassertiere (z. B. *Süßwasserpolyp, Planarie*) besitzen aber weder Außen- noch Innenkiemen. Sie atmen über die **gesamte Körperoberfläche,** d. h. durch die **Haut.** Dazu muss die Haut dünn und feucht sein.

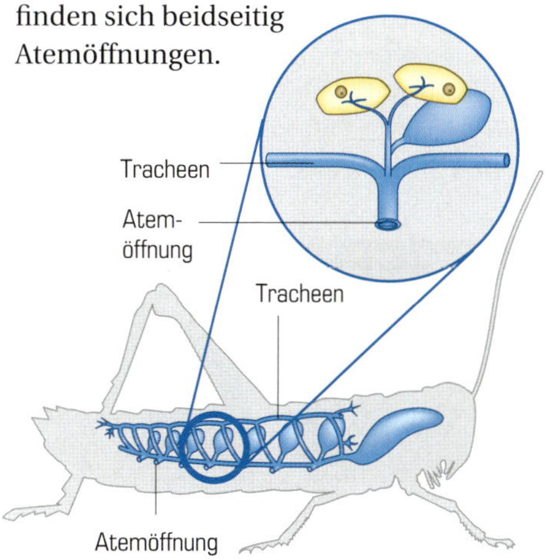

1 ▸ Tracheen mit Atemöffnung

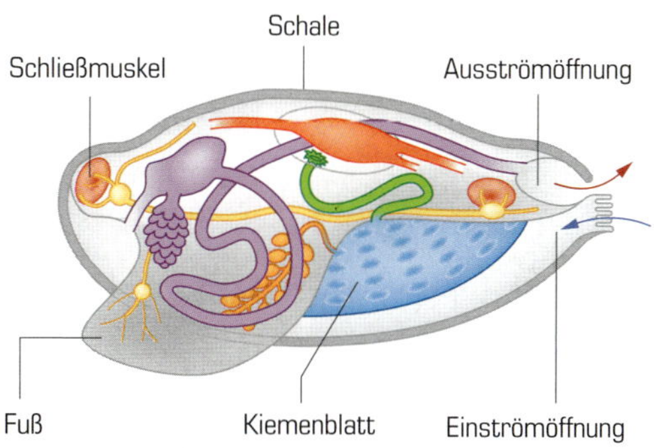

2 ▸ Innerer Bau der Miesmuschel (schematisch)

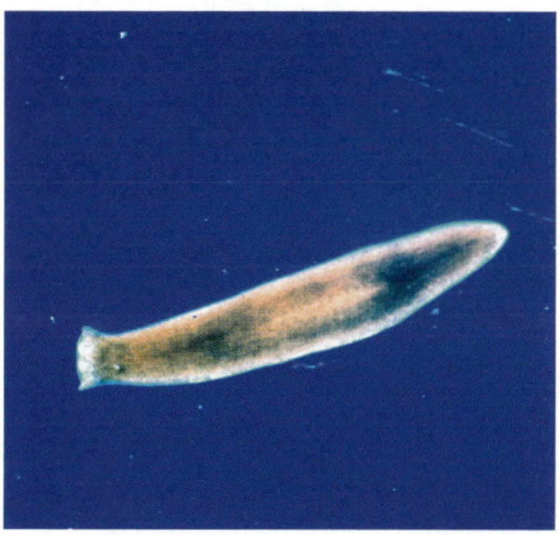

3 ▸ Süßwasserplanarie atmet durch die Haut

4 ▸ Sternschnecke mit äußeren Kiemen

Fortpflanzung

Wirbellose und Wirbeltiere pflanzen sich, wie alle Lebewesen, fort und erzeugen artgleiche Nachkommen.

Man unterscheidet zwei verschiedene Formen der **Fortpflanzung:** die **ungeschlechtliche** und die **geschlechtliche.**

Bei der **geschlechtlichen Fortpflanzung** werden von den männlichen Tieren Samenzellen und von den weiblichen Tieren Eizellen gebildet. Bei der Paarung kann es zur Verschmelzung von Ei- und Samenzelle kommen. Das Ei wird befruchtet und ein neues Lebewesen entwickelt sich.

Bei wasserlebenden Tieren erfolgt die Befruchtung meist außerhalb des Körpers, man nennt sie deshalb **äußere Befruchtung.** Bei Fischen und bei Lurchen ist das der Fall. Auch wenn z.B. der *Grasfrosch* überwiegend an Land lebt, erfolgt die Befruchtung der Eizellen im Wasser (Abb. 2).

Mit dem **Übergang zum Landleben** wurde eine innere Befruchtung notwendig, da die Samenzellen nur im wässrigen Milieu zur Eizelle schwimmen können.

Zu den Tieren, die sich geschlechtlich fortpflanzen, gehören alle Wirbeltiere und viele Wirbellose. Bei den wirbellosen Tieren sind es u. a. die Gliedertiere.

Eine besondere Form der geschlechtlichen Fortpflanzung bilden die **Zwitter.** Normalerweise besitzen weibliche Tiere **nur** weibliche Geschlechtsorgane und bilden Eizellen aus.

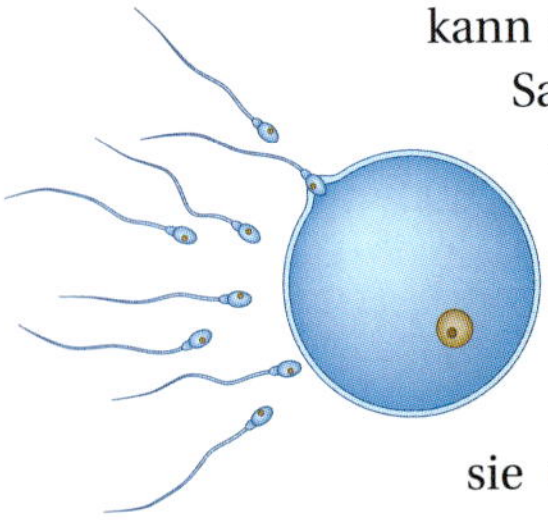

1 ▸ Befruchtung der Eizelle

2 ▸ Entwicklung des Grasfrosches – Metamorphose

erwachsener Frosch | Laichklumpen | Kaulquappe | junger Frosch

3 ▸ Paarung von Weinbergschnecken

5

Männliche Tiere besitzen **nur** männliche Geschlechtsorgane und bilden Samenzellen aus.

Man sagt dazu auch, diese Lebewesen sind **getrenntgeschlechtlich**.

Bei zwittrigen Lebewesen, z. B. *Regenwurm* und *Weinbergschnecke,* besitzt jedes Individuum ein männliches und ein weibliches Fortpflanzungsorgan. Die meisten zwittrigen Organismen müssen sich paaren, indem sie wechselseitig Samenzellen austauschen (Abb. 3, S. 120).

Die **ungeschlechtliche Fortpflanzung** tritt bei einzelligen Lebewesen sowie bei den wirbellosen Tieren auf. Und zwar bei solchen **wirbellosen Tieren,** die sehr einfach gebaut sind.

Der *Süßwasserpolyp* ist z. B. solch ein einfach gebautes Tier. Sein Körper besteht aus drei Schichten, die einen Hohlraum mit Magenfunktion umschließen. Deshalb nennt man diese Tiere **Hohltiere.**

Der *Süßwasserpolyp* pflanzt sich fort, indem sich an dem Mutterpolypen zunächst eine beulenartige Wölbung bildet. Nach kurzer Zeit wächst diese zu einem kleinen Tochterpolypen heran. Diese Form der ungeschlechtlichen Fortpflanzung nennt man **Knospung.**

Die ungeschlechtliche Fortpflanzung ist von Vorteil für Lebewesen, denn sie ist ohne Geschlechtspartner möglich und sie führt zur raschen Vermehrung.

M

Fortpflanzung dient der Erzeugung artgleicher Nachkommen. Man unterscheidet geschlechtliche und ungeschlechtliche Fortpflanzung.

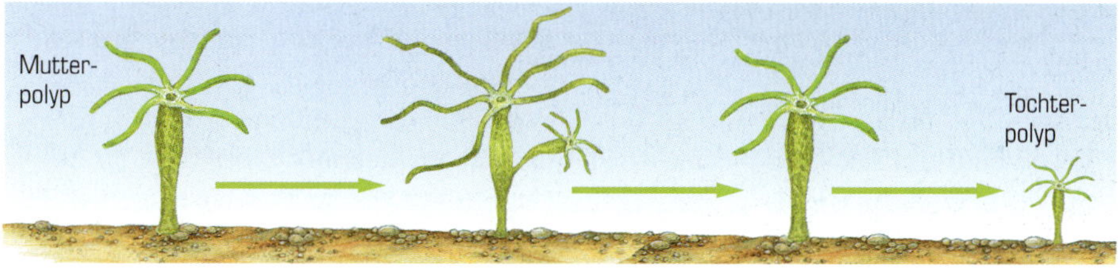

1 ▸ Ungeschlechtliche Fortpflanzung des Süßwasserpolypen (Knospung)

2 ▸ Korallen vermehren sich durch Knospung.

gewusst · gekonnt

1. Stelle in einer Tabelle Karpfen, Feldhamster und Honigbiene hinsichtlich Körpergliederung, Skelett, Fortbewegungsorgane, Körperbedeckung und Atmungsorgane gegenüber.

	Karpfen	**Feld-hamster**	**Honig-biene**
Körperglie-derung			
Skelett			
...			

2. Formuliere eine Zusammenfassung zur grundsätzlichen Unterscheidung von Wirbellosen und Wirbeltieren.

3. Was versteht man unter „Angepasstheit“? Erkläre ihre Bedeutung für die Organismen.

4. Begründe, dass die Fische durch ihren äußeren Körperbau und die Atmungsorgane an den Lebensraum Wasser angepasst sind.

5. a) Ordne folgende Organismen in die Übersicht ein:
Fische, Insekten, Wirbeltiere, Gliederfüßer, Quallen, Wirbellose, Hohltiere, Kriechtiere, Säugetiere, Polypen, Krebstiere, Vögel.

b) Nenne für die Endglieder des Systems je einen Vertreter.

6. Lurche (Amphibien) gehören zu den Feuchtlufttieren. Sie sind wie alle Lebewesen durch ihren Körperbau an die Lebensräume Wasser und Land angepasst.

a) Beschreibe die Fortpflanzung und Entwicklung der Lurche.

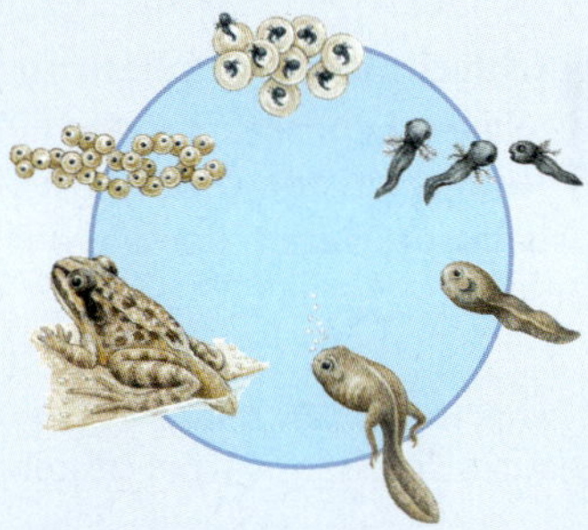

b) Begründe, warum die Lurche mit ihrer äußeren Befruchtung an das Wasser gebunden sind.

c) Begründe, dass die Lurche auch im Verlaufe ihrer Metamorphose mit den Atmungsorganen an den jeweiligen Lebensraum angepasst sind.

7. Der Regenwurm gehört zu den wirbellosen Tieren.
Fertige mithilfe der Erschließungsfelder „Struktur und Funktion“, „Angepasstheit“, „Fortpflanzung“ und „Information“ einen Steckbrief für ihn an.

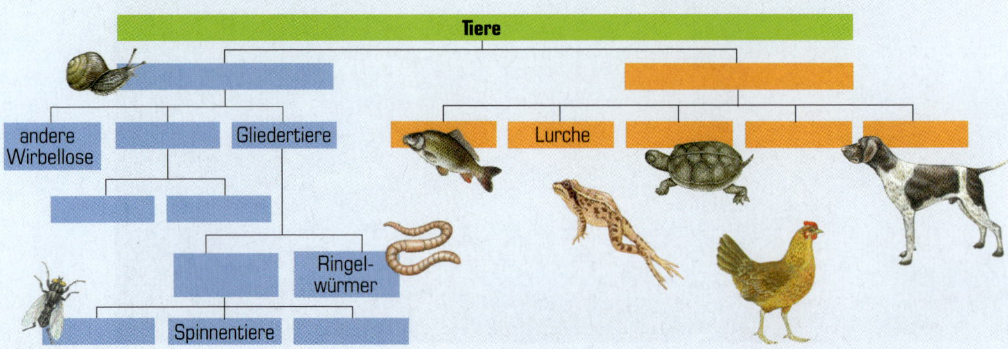

Das Wichtigste auf einen Blick

Zusammenfassung

Merkmale	Wirbellose Tiere	Wirbeltiere
Klassen	Insekten, Spinnentiere, Krebstiere, Ringelwürmer, Weichtiere, Hohltiere 	Fische, Lurche, Kriechtiere, Vögel, Säugetiere 
Körperbedeckung und Skelett	ohne Skelett, oft Kalkschale oder Außenskelett (Chitin)	Skelett mit Gliedmaßen
Atmung	über gesamte Oberfläche, Haut-, Kiemen-, Tracheen- oder Lungenatmung	Kiemen-, Haut-, Lungenatmung
Fortpflanzung	ungeschlechtlich (Teilung, Knospung) geschlechtlich, z.T. Zwitter	geschlechtlich
Lebensraum	Wasser, Luft, Land	Wasser, Luft, Land

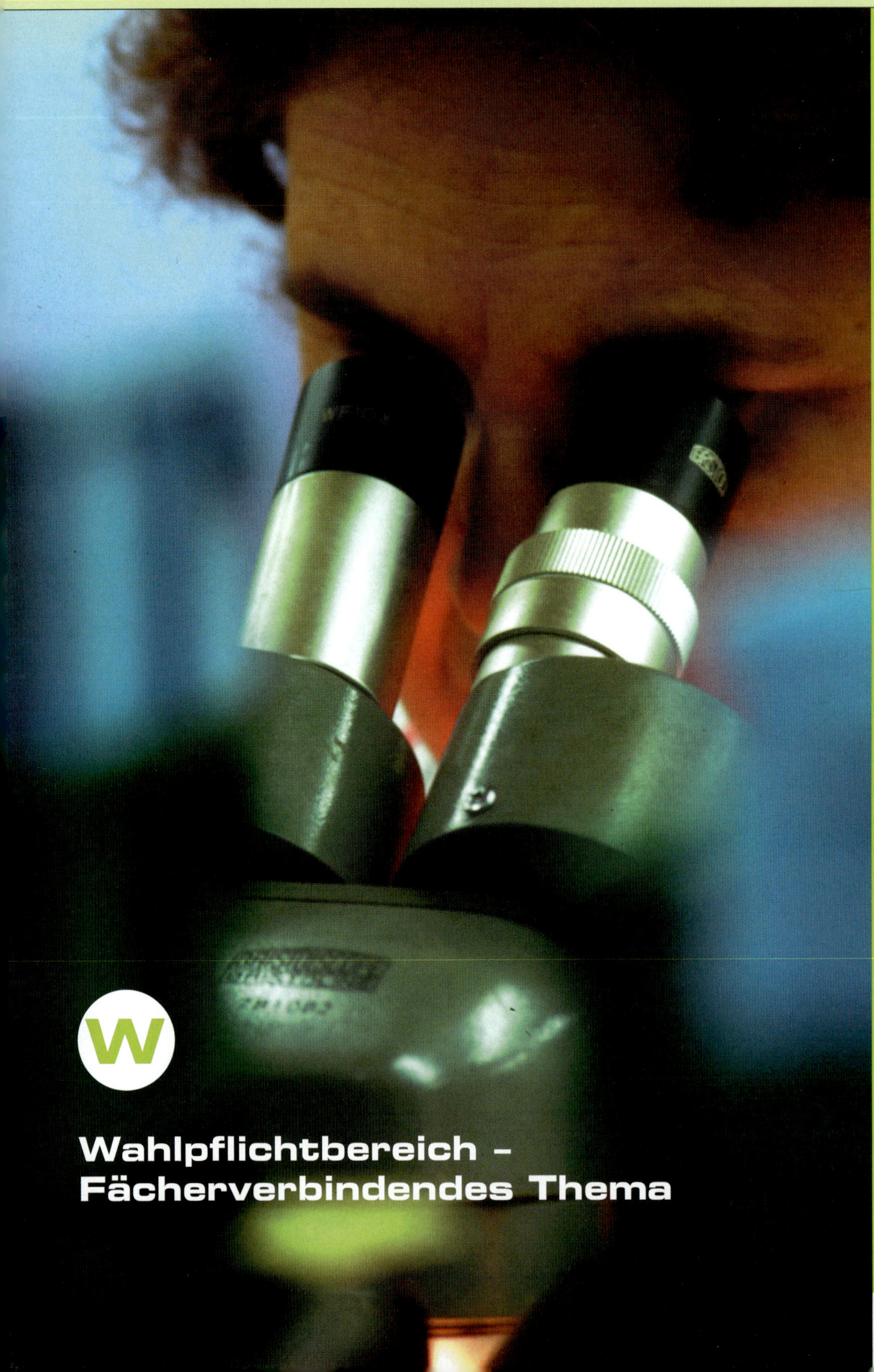

Wahlpflichtbereich – Fächerverbindendes Thema

Hinweise für die Arbeit

Bei der Bearbeitung eines Themas in Form eines Projektes geht es darum, dass ihr ein Thema weitgehend selbstständig bearbeitet. Konkret heißt das:

- Ideen zum Thema zu entwickeln,
- Aufgaben zu stellen, die in Gruppen möglichst selbstständig bearbeitet werden können,
- das Thema von unterschiedlichen Seiten zu betrachten.

Damit das Projekt auch ein Erfolg wird, geht man am besten schrittweise vor.

Schritt ①

Ideenmarkt

Alles was zum Thema passt, wird „auf den Tisch gepackt". Aus der Fülle der Ideen werden die bearbeitbaren Themenbereiche ausgewählt und der jeweiligen Gruppe zugeteilt.

Schritt ②

Arbeitsplan

Jede Gruppe stellt für sich einen Arbeitsplan auf. Dieser Arbeitsplan sollte folgende Punkte unbedingt enthalten:

- Welche Fragen sollen in der Gruppe zum ausgewählten Themenbereich beantwortet werden?
- Welche Materialien/Medien sollen genutzt werden?
- Welche Methoden sollen bei der Informationsbeschaffung angewendet werden?
- Welche Experimente möchte die Gruppe durchführen?
- Wer ist für welchen Bereich bzw. für welche Frage zuständig?
- Welcher zeitliche Rahmen steht zur Verfügung?
- Wie sollen die Ergebnisse dargestellt werden?

Schritt ③

Arbeit am Projekt

Wenn Fragen bei der Arbeit auftreten, kann man sich an den Lehrer wenden.

Schritt ④

Ergebnispräsentation vor den Mitschülern

Hierbei muss man beachten, dass sich die Mitschüler mit anderen Fragestellungen beschäftigt haben.

Deshalb muss die Darstellung in kurzer und logischer Form erfolgen. Nur so können die anderen Mitschüler die Versuche und Ergebnisse verstehen und die gewonnenen Erkenntnisse nachvollziehen.

Schritt ⑤

Ergebnispräsentation im Schulhaus

Zum Abschluss des Projekts kann z. B. eine Wandzeitung angefertigt werden. Die anderen Schüler können dann sehen, womit sich die Klasse beschäftigt hat und zu welchen Ergebnissen sie gekommen ist.

Projektstruktur

Projektidee:
z. B. Spinnen

Projektplan:
z. B. Recherchieren, wie und wo Spinnen leben, wie sie sich ernähren und sich fortpflanzen

Projektdurchführung:
z. B. Erforschen, wo man im Garten Spinnen findet; Beobachten, wie sie ein Netz bauen und Beute fangen

Projektpräsentation:
z. B. Anfertigen einer Anschauungstafel für den Bioraum, Vorträge, PowerPoint-Präsentation

Projekt

Spinnentiere

Hilfe, eine Spinne! Diesen Angstruf stoßen viele Leute, groß oder klein, beim Anblick einer Spinne aus. Dann wird diesen kleinen Tierchen mit drastischen Mitteln (Staubsauger, tottrampeln) der Garaus gemacht. Dabei sind nur ganz wenige von ihnen dem Menschen wirklich gefährlich. Und betrachtet man sie in Ruhe und ohne Angst wird man feststellen, dass sie auch interessant aussehen.

Es gibt ungefähr 30 000 Arten von Spinnentieren auf der Erde. Sie unterscheiden sich in Größe, Körperbau sowie Aussehen. Man findet Spinnentiere in vielfältigen Lebensräumen und sie besiedeln fast alle Regionen der Erde.

Aufgrund von bestimmten Merkmalen haben die Wissenschaftler auch die **Gruppe der Spinnentiere** – wie die Gruppe der Insekten – in Ordnungen eingeteilt. Bekannte **Spinnentierordnungen** sind z. B. Skorpione, Echte Spinnen oder Webespinnen, Weberknechte und Milben. Viele der Spinnen sind gefährdet.

Skorpion

Lebensraum: Wüsten, Steppen tropischer und subtropischer Länder
Merkmale: abgeflachter Körper, am Ende des gegliederten, nach vorne geschlagenen Hinterleibes ein Giftstachel, Nachttier, tagsüber im Versteck, bis 18 cm
Nahrung: Insekten, Tötung durch Stich mit Giftstachel

Sammetmilbe

Lebensraum: obere Bodenschichten
Merkmale: sackförmiger Körper, leuchtend rote, dichte und plüschartige Behaarung
Nahrung: Insekteneier

Braune Krabbenspinne

Lebensraum: Eichen- und Nadelwälder
Merkmale: grüner Körper, Oberseite des Hinterleibs braun, abstehende Beinpaare, kein Fangnetz, lauert regungslos auf Beute, bis 6 mm
Nahrung: Insekten, Tötung durch Giftbiss

Weberknecht

Lebensraum: Baumstämme, Mauern, Hauswände, unter Steinen, im Moos, in Wohnung
Merkmale: lange, zerbrechliche Beine, gegliederter Hinterleib, Körper 1 cm
Nahrung: kleine Insekten, abgestorbene Tier- und Pflanzenreste

W

Projekt

1. Findet möglichst viele Orte, an denen Spinnen leben. Stellt in einer Tabelle Fundort und Aussehen der Spinnen gegenüber.

2. Fotografiert Spinnen in ihrem Lebensraum oder nutzt entsprechende Abbildungen in Zeitschriften. Gestaltet damit eine Bildpräsentation.

3. Ermittelt aus Lexika technische Anwendungen, bei denen Bau- und Leistungsmerkmale von Spinnen nachgestaltet wurden.

Netzbau, Beutefang und Nahrungsaufnahme einer Kreuzspinne

Die *Kreuzspinne* webt etwa alle ein bis zwei Tage frühmorgens ein Netz, in dem manchmal viele funkelnde Tautropfen zu finden sind. Das Bauen erfolgt immer auf die gleiche Weise. Diese Fähigkeit ist ihr angeboren. Sie baut ein **Radnetz** (Abb. 1).

1 ▸ Radnetz einer Kreuzspinne

Die *Kreuzspinne* beginnt den Netzbau, indem sie einen Faden durch den Wind davontragen lässt, bis er sich irgendwo verfängt und somit eine Fadenbrücke entstanden ist (a). Danach läuft die Spinne bis zur Mitte und seilt sich an einem neuen Faden ab, bis sie eine weitere Stelle zum Anheften und Spannen des Fadens findet. Es entsteht eine y-förmige Figur, gebildet von 3 Speichenfäden (b). Seitlich werden Rahmenfäden gesetzt und weitere Speichenfäden gebildet (c). Jetzt werden nach einem genauen Muster weitere Fäden vom Netzmittelpunkt aus gelegt (d–f). Zum Schluss ist ein kompliziertes Gebilde, das Radnetz, entstanden. Mithilfe eines Signalfadens überwacht die Spinne von einem Schlupfwinkel aus das Fangnetz.

2 ▸ Schrittfolge beim Bau des Netzes

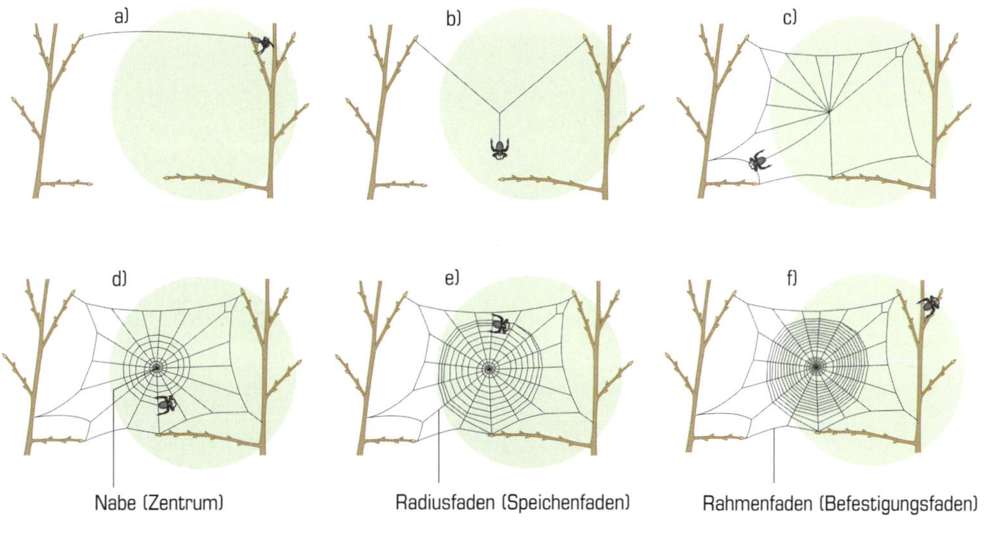

Projekt

4. Sucht in einer Hecke, im Garten und an anderen geeigneten Orten nach Spinnennetzen. Fertigt eine grobe Umrissskizze des Fundortes und der verschiedenen Netzformen an.

5. Erfindet ein einfaches Modellexperiment, das die Belastbarkeit von Spinnenseide im Vergleich mit anderen Materialien veranschaulicht.

1 ▸ Kreuzspinne mit Beutetier

Die **Hauptnahrung** der *Kreuzspinne* sind u. a. Fliegen und Mücken. Gerät ein solches Insekt in das Netz, werden die Schwingungen des Netzes von der auf der Unterseite der Netzmitte (Nabe) sitzenden Spinne wahrgenommen. Die Orientierung ermöglichen die an den Beinen befindlichen Sinnesorgane. Die *Kreuzspinne* rennt zu dem Beutetier, überprüft es mit den Kiefertastern und lähmt es mit dem Gift aus den Kieferklauen durch einen Biss. Anschließend wird die Beute umsponnen und in die Netzmitte transportiert (Abb. 1). Jetzt werden Verdauungssäfte in das Beutetier abgesondert, die dessen innere Organe zersetzen. Diese werden vorverdaut. Die vorverdaute Nahrung wird mithilfe eines starken Saugmagens in den Körper gesaugt. Sie gelangt dann in den Darm der *Kreuzspinne.*
Da die Nahrung außerhalb des Spinnenkörpers verdaut wird, nennen die Biologen diese Art der Verdauung **Außenverdauung.**

6. Berührt vorsichtig das Radnetz einer Spinne nacheinander an verschiedenen Stellen. Beschreibt das Verhalten der Spinne.

7. Beschreibt unterschiedliche Fangmethoden verschiedener Spinnen. Wertet dazu entsprechende Literatur aus.

8. Betrachtet eine Spinne und deren Körperbau mit der Lupe.
Wie kann die Spinne im Netz laufen ohne selbst gefangen zu werden?

2 ▸ Spinne hat Beutetier umsponnen

Projekt

Fortpflanzung und Vermehrung der Kreuzspinne

Männchen und Weibchen der *Kreuzspinne* weben ihre eigenen Fangnetze. Zur Fortpflanzungszeit im Herbst ist ein besonderes Verhalten zu beobachten. Um die Paarung einzuleiten, zupft das Männchen in charakteristischer Weise am Netz des Weibchens. Das Weibchen erkennt dieses Signal und kommt ihm entgegen. An einem besonderen Faden, dem **Hochzeitsfaden,** den das Männchen hinter sich herzieht, erfolgt dann die Paarung und Begattung, die Übertragung der Samenzellen.
Manchmal werden die Männchen bei der Paarung oder nach der Begattung getötet und sogar ausgesaugt.
Vor der Eiablage beginnt das Weibchen mit dem Bau eines Kokons aus vielen Seidenfäden. In diesen werden hunderte längliche gelbe Eier gelegt. Danach wird der Kokon fertig gestellt, geschlossen und durch viele Seidenfäden bauschig erweitert.
Das Weibchen legt meistens mehrere Eikokons an (Abb. 1). Nach der Eiablage stirbt die *Kreuzspinne.*
Dieser Kokon gewährleistet eine nahezu konstante Temperatur im Inneren und Schutz vor Feuchtigkeit und Feinden. Dadurch können die Eier der *Kreuzspinne* überwintern. Im Frühjahr (Mai) schlüpfen die Jungspinnen aus dem Kokon (Abb. 2).
Während ihres Wachstums bis zum Sommer müssen sie sich mehrere Male häuten. Im Herbst suchen sie geschützte Stellen (z. B. Ritzen, Spalten) auf und überwintern dort. Im darauf folgenden Jahr werden die Spinnen geschlechtsreif. Nach der Fortpflanzung im Herbst sterben sie. Die *Kreuzspinne* macht also einen zweijährigen Entwicklungszyklus durch.

1 ▸ Kreuzspinne mit Eikokon

9. Bereitet einen Vortrag über das Paarungsverhalten einer Spinne vor. Nutzt dazu Internet und Nachschlagewerke.

2 ▸ Geschlüpfte Jungspinnen

Projekt

Weichtiere

Ob am Strand, im Garten, im Wald – überall begegnet man den weichen Gesellen, den Schnecken. Es gibt etwa 85 000 Schneckenarten auf der Erde. Einige „tragen ihr Haus auf dem Rücken“, andere kriechen „nackt“ durch die Gegend.

Schnecken gehören zu den **Weichtieren.** Den Namen Weichtiere erhielten Tiere dieser Gruppe deshalb, weil alle einen drüsenreichen, weichen und wenig gegliederten Körper besitzen.

Mit etwa 120 000 Arten bilden die Weichtiere die zweitgrößte Tiergruppe nach den Insekten. Vertreter dieser Gruppe besiedeln alle Lebensräume: die Meere und Süßgewässer sowie das Land. Zu ihnen gehören neben den **Schnecken** noch **Muscheln** und **Tintenschnecken,** auch **Kopffüßer** genannt. Trotz gemeinsamer Merkmale besitzt doch jede dieser Gruppen eigene charakteristische Merkmale.

Garten-Schnirkelschnecke (bis 5 cm)

Gehäuseschnecke, heller Saum an der Gehäuseöffnung, unterschiedliche Färbung, z. B. gelb, orange, rot, braunweiß oder fast schwarz und Bänderung des Gehäuses (braun); lebt in Gärten, auf Wiesen, im Gebüsch (Lungenschnecken)

Große Wegschnecke (ca. 13 cm)

Nacktschnecke, kräftige schwarze oder rötliche Färbung; bewohnt feuchte und schattige Stellen in Gärten und Wäldern, an Wegrändern
(Lungenschnecken)

Meeresnacktschnecke (3 – 4 cm)

Nacktschnecke, sehr schön gefärbt; leben in allen Meeren, jedoch mit einer Vorliebe für warme und gemäßigte Gewässer; atmen durch die Haut oder durch Außenkiemen
(Kiemenschnecken)

Tiger-Schnecke (ca. 10 cm)

Gehäuseschnecke, hartes, buntfarbiges, glänzendes Gehäuse wie Porzellan; am Ohr hört man „Meeresrauschen“; lebt in Korallenriffen; früher Zahlungsmittel

Projekt

1. Versucht an verschiedenen Tagen möglichst viele Schnecken in ihrem Lebensraum zu finden.
   Notiert den konkreten Fundort, die Tageszeit, die Wetterverhältnisse, die Anzahl und vergleicht die Funde miteinander.

2. Sucht zu jeder Gruppe der Weichtiere einige Vertreter und fertigt von diesen Tieren Steckbriefe an.

3. In Filmen werden häufig riesige Tintenfische gezeigt, die große Boote zum Kentern bringen und überhaupt viel Schaden anrichten.
   Informiert euch im Internet oder Nachschlagwerken über Vorkommen, Arten, Größe und Lebensweise von Tintenfischen. Geht danach auf die Richtigkeit der Darstellung in Filmen ein.

4. Schneckengehäuse und Muschelschalen, die man in verschiedenen Gesteinsschichten findet, bezeichnet man als Fossilien. Welche Bedeutung haben Fossilien?

Miesmuschel (bis 11 cm)

Schiefe, dreieckige blauschwarze Schale, mit Fäden an Felsen, Steinen und Pfählen verankert, bildet so Muschelbänke; lebt im Wattenmeer; beliebtes Nahrungsmittel; gehört zur Gruppe der Muscheln

Gemeiner Tintenfisch (60 cm)

Lebt in Nordsee, Mittelmeer, 8 Kopfarme, 2 Fangarme; Schulp kalkig; Flossensaum um ganzen abgerundeten Körper; gehört zur Gruppe der Tintenschnecken

Gemeiner Kalmar (ca. 60 cm)

Lebt in Mittelmeer, Ostatlantik, Nordsee, westliche Ostsee; 8 Kopfarme, Schulp hornig; Flossensaum zu beiden Seiten des schlanken Körpers; gehört zur Gruppe der Tintenschnecken

Teichmuschel (ca. 20 cm)

Breite, eiförmige, dunkelbraune Schale, innen Perlmutt glänzend; lebt in stehenden Süßgewässern; ernährt sich von Algen und abgestorbenen feinen Teilchen; biologische Selbstreinigung der Gewässer; geschützt; gehört zur Gruppe der Muscheln

Projekt

Bau und Lebensweise der einheimischen Weinbergschnecke

Vorkommen: Zu den größten einheimischen auf dem Land lebenden Gehäuseschnecken gehört die *Weinbergschnecke.* Ihr großes, meist hellbraun gefärbtes Gehäuse, das eine Breite von 5 bis 7 cm erreichen kann, fällt sofort auf. Ihr Lebensraum sind schattige und feuchte Orte, u. a. Parkanlagen, Gärten, Friedhöfe. Wichtig ist, dass der Boden viel Kalk enthält. Denn den Kalk benötigt die *Weinbergschnecke* zum Aufbau ihres Gehäuses. Das besteht zum größten Teil aus Kalk und ist sehr hart.

Weinbergschnecken fand man häufig auf Weinbergen, daher auch der Name. Weinberge sind nämlich sehr kalkhaltig. Aber durch Düngung und Schädlingsbekämpfung findet man sie dort nicht mehr so häufig.

5. Gebt in ein Becherglas etwas zermahlene Kreide (Kalk), in ein anderes ein Stück eines Schneckengehäuses. Tropft auf beide Materialien etwas verdünnte Salzsäure (Vorsicht!). Schlussfolgert aus eurer Beobachtung auf die Zusammensetzung des Schneckengehäuses.

Körperbau: Der **Körper** der *Weinbergschnecke* ist weich und drüsenreich. Er ist in Kopf, Fuß, Mantel und Eingeweidesack gegliedert. Der **Eingeweidesack** umschließt die inneren Organe. Der **Mantel** ist eine Hautfalte, die den Eingeweidesack umhüllt. Eine Stelle, der Eingang in die Atemhöhle, wird dabei offen gelassen. Der Mantel sondert auch ein kalkhaltiges, hartes Gehäuse ab. Dieses schützt den weichen Körper der *Weinbergschnecke* vor Feinden und Austrocknung. Am **Kopf** befinden sich 2 Paar Fühler. Die hinteren, größeren Fühler tragen die Augen. Die *Weinbergschnecke* kann mit ihnen auf Licht und Berührung reagieren. Ihr einfaches Nervensystem besteht aus Nervenknoten und -strängen. Der untere, sichtbare Teil des Weichkörpers ist der muskulöse **Fuß.** Er ist auf der unteren Seite zu einer Kriechsohle abgeplattet. Das **Atemloch** am Mantelrand schließt und öffnet sich regelmäßig. Hierdurch gelangt die Luft in die Atemhöhle, auch als „Lunge" bezeichnet. Die **Atemhöhle** ist mit feinsten Blutkapillaren ausgekleidet. Hier erfolgt der Austausch der Atemgase Sauerstoff und Kohlenstoffdioxid. Ihren Transport in bzw. aus dem Körper übernimmt ein **offenes Blutgefäßsystem.** Die *Weinbergschnecke* atmet außerdem noch durch die gesamte Körperoberfläche **(Hautatmung).**

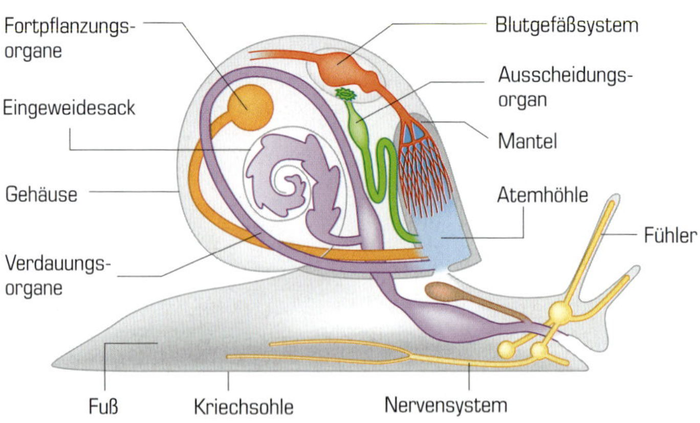

1 ▸ Äußerer und innerer Bau der Weinbergschnecke (schematisch)

W

Projekt

Fortbewegung: Neben dem Gehäuse ist der **Fuß** der sichtbarste Teil der *Weinbergschnecke.* Es ist ein **Kriechfuß,** mit dem sich die Schnecke fortbewegt. Die Unterseite ist als flache Sohle abgeplattet. Wie die *Weinbergschnecke* sich eigentlich fortbewegt, kann man deutlich erkennen, wenn man sie über eine Glasscheibe kriechen lässt und von unten beobachtet. Dabei kann man das Ausstrecken und Zusammenziehen der kräftigen Muskeln in der Kriechsohle als eine quer verlaufende Wellenbewegung der Fußsohle erkennen. Diese Wellenbewegung wandert als dunkler Schatten von hinten nach vorn. Sie entsteht dadurch, dass ein weiter hinten liegender Teil des Fußes von der Unterlage abgehoben und etwas weiter vorne wieder aufgesetzt wird. Und wenn diese Welle einmal die gesamte Länge der Fußsohle durchlaufen hat, hat die Schnecke sich ein kleines Stück vorwärts bewegt.

Die Weinbergschnecke bewegt sich in einer Stunde etwa 3,5 bis 4,5 m vorwärts, also im wohlbekannten Schneckentempo!

Beim Kriechen wird ein schleimiges Sekret abgesondert, mit dessen Hilfe die *Weinbergschnecke* über fast jedes Hindernis gelangt und auch nach oben kriechen kann, z. B. über Steine, an Bäumen, an Gartenzäunen, ja sogar über eine Rasierklinge oder eine Messerschneide und Glasplatten (Abb. 1, 2). Aber das kann die Schnecke nur, weil die beschriebene Querwelle nicht über den gesamten Fuß verläuft. Ein Teil der Sohle bleibt immer im Kontakt mit dem Untergrund. Das ermöglicht der Schnecke eine optimale Anpassung an den Untergrund.

6. Setzt eine Schnecke vorsichtig auf eine Glasplatte und beobachtet von der Unterseite her deren Fortbewegung. Beschreibt die Fortbewegung.

7. Wodurch ist es möglich, dass eine Schnecke auch scharfkantige Gegenstände überwinden kann ohne sich zu verletzen?

8. Versucht vorsichtig eine *Weinbergschnecke* von einer glatten Oberfläche abzulösen. Was könnt ihr feststellen? Beschreibt eure Beobachtungen.

1 ▸ Schnecke auf einer Glasplatte kriechend

2 ▸ Schnecke an einem Messer kriechend

Projekt

Einmalig im Tierreich ist das Organ der Weichtiere für die Nahrungsaufnahme und -aufbereitung, die Radula. Das ist eine Raspelzunge, auf der in zahlreichen Querreihen mikroskopisch kleine Zähnchen angeordnet sind. Dadurch können die Schnecken ihre Nahrung vor dem Verschlucken zerkleinern. Das können nur sehr wenige wirbellose Tiere.

Nahrung und Nahrungsaufnahme: Die *Weinbergschnecke* ist ein Kräuterfresser. Sie ernährt sich von saftigen Pflanzenteilen. Auf der Suche nach Nahrung legt sie zwischen Schlafplatz und Futterplatz beachtliche Wege zurück. Sie orientiert sich dabei mithilfe ihrer Fühler. Die großen Fühler verschaffen ihr dabei ein großes Sichtfeld, während die kleinen Fühler mit den Sinneszellen Geruchsspuren aufnehmen. Mit den Geschmackssinneszellen auf den Lippen untersucht die *Weinbergschnecke* die Nahrung auf Tauglichkeit. Hat sie taugliche Nahrung gefunden, dann setzt sie ihre Zunge ein. Man nennt sie **Radula.** Mit ihr zieht sie die Pflanzenteile zunächst in die Mundöffnung, durch den Oberkiefer wird ein Teil abgeschnitten. Wenn es ganz leise ist oder man ein Mikrofon dicht an die fressende Weinbergschnecke hält, kann man ein richtiges Raspeln hören. Mithilfe eines Mikroskops erkennt man auf der Zunge zahlreiche Querreihen mikroskopisch kleiner **Zähnchen.** Die Zunge der Weinbergschnecke ist also eine **Raspelzunge.** Die Nahrung wird mithilfe dieser Zähnchen abgeraspelt, dadurch entsteht das Geräusch. Sind die Zähnchen abgenutzt, werden sie ersetzt.
Die Nahrung gelangt dann durch eine kurze Speiseröhre in den Magen und in den langen gewundenen Darm. Die unverdauten Reste werden ausgeschieden.

9. Beobachtet eine Schnecke im Aquarium. Beschreibt die Nahrungsaufnahme.

1 ▸
Weinbergschnecken finden sich in der Paarungszeit zusammen.

Fortpflanzung: Im Frühsommer sieht man häufig viele *Weinbergschnecken* dicht beieinander. Die **Paarungszeit** hat begonnen. *Weinbergschnecken* sind wie alle Schnecken **Zwitter.** Sie bilden sowohl weibliche Eizellen als auch männliche Samenzellen (Samen) in ihren Geschlechtsorganen. Im Alter von drei Jahren sind sie fortpflanzungsfähig und können sich paaren. Aber vor der eigentlichen Paarung kann man Erstaunliches beobachten. Die Schnecken stoßen sich gegenseitig einen so genannten **„Liebespfeil"** in die Sohle des Kriechfußes. Das heißt so viel wie: Ich bin paarungsbereit.

2 ▸
Schnecken beim Paaren

Projekt

1 ▸
Schnecke bei der Eiablage

Dann erfolgt die **Paarung.** Die *Weinbergschnecken* tauschen wechselseitig Samen aus, die Eizellen werden befruchtet. Nach sechs bis acht Wochen werden die befruchteten, etwa erbsengroßen Eier in einer kleinen 10 cm tiefen Erdhöhle abgelegt: Die hat die *Weinbergschnecke* mit dem Fuß selbst gegraben. Nach einigen Wochen schlüpfen die Jungen mit dem fertigen Häuschen aus dem Ei. Die Jungen wachsen schnell heran.

Überwinterung: Im Herbst verkriechen sich die jungen und die alten Schnecken unter Moos, Laub und in lockerer Erde. Sie ziehen ihren weichen Körper vollständig in das Gehäuse ein und verschließen die Gehäuseöffnung mit einer dünnen Kalkplatte. In **Winterstarre** (Kältestarre) überwintern sie. Ist die Temperatur im Frühling gestiegen, wird der Kalkdeckel entfernt und die *Weinbergschnecken* kriechen nach oben an die Oberfläche.

2 ▸
Schneckengehäuse

10. Sammelt leere Gehäuse von Weichtieren. Gestaltet damit eine Ausstellung, die die Vielfalt dieser Gruppe kennzeichnet.

11. Informiert euch in Nachschlagewerken oder im Internet über Tiere, die ein ähnlich interessantes Paarungsverhalten haben. Bereitet einen Vortrag dazu vor.

Projekt

Pflanzen helfen heilen

Heilkräuter erfreuen sich in letzter Zeit immer größerer Beliebtheit. Zum einen ist es wirklich schön, wenn man in den Garten, ans Fensterbrett oder auf den Balkon gehen und Küchenkräuter abschneiden kann, um die Speisen zu würzen. Zum anderen sind auch immer mehr Leute von der heilenden Wirkung der Kräuter überzeugt.

Kräutergärten haben eine lange Geschichte. Wahrscheinlich haben schon unsere frühen Vorfahren verschiedene Kräuterarten in ihren Gärten angebaut. Sie haben sie als Medizin oder Zaubermittel gegen Krankheiten bei Menschen und Haustieren eingesetzt. Kümmel, Mohn und Petersilie wurden schon damals gesammelt bzw. angepflanzt.

Als die römischen Soldaten kamen, brachten sie ihre Gartenkultur und weitere Kräuterarten in die von ihnen besetzten Provinzen.

Die Mönche des Benedektinerordens haben danach die heimische Kräuterkunde weiterentwickelt. Da sie Kranken und Armen zu helfen verpflichtet waren, legten sie in den Klöstern Heil- und Würzgärten an. Von dieser Zeit an wurde das Kräuterwissen zum allgemeinen Kulturgut der Volksheilkunde.

1. Informiert euch, ob sich in eurer Gegend ein alter Kräutergarten befindet. Erforscht die Geschichte dieses Gartens.

2. Schlagt die Anlage eines Kräutergartens in eurem Garten am Schulgebäude vor. Beachtet dabei den Standort des Kräutergartens, Pflanzen, die geeignet sind und sucht Partner (Schulleiter, Gartencenter, ...).

3. Man unterscheidet Heil- und Gewürzpflanzen. Erläutert, was man unter diesen Begriffen versteht.

4. Stellt in einer Übersicht heimische Heilpflanzen zusammen. Erfasst dabei, welche Teile der Pflanzen verwendet werden.

Muster eines Steckbriefes

Anis

lat. Name:	Pimpinélla anisum
Familie:	Doldengewächse
ursprüngliches Vorkommen:	Mittelmeerländer
Anbau im Garten:	sonniger, warmer Standort, durchlässiger Boden
Saat:	ab Juni (30 cm Reihenabstand, 15 cm Abstand in der Reihe), Dunkelkeimer!
Allgemeines:	Wuchshöhe: 30–80 cm
Blütezeit:	Juli
Erntezeit:	Juni–September
Verwendung:	zu Gemüsen (Rotkohl), Salaten (Rote Rüben), Backwaren, Tee, Likör
Naturheilkunde:	appetitanregend, verdauungsfördernd, gegen Blähungen, schleimlösend bei Husten

Projekt

5. Erforscht die Geschichte einer Heilpflanze.
   Erstellt je einen Steckbrief von den gewählten Pflanzen. Geht dabei auf wichtige Merkmale, Vorkommen, Inhaltsstoffe und Wirkung ein.
   Präsentiert eure Ergebnisse vor der Klasse (Poster, Vortrag).

Die Wirkung einer Heilpflanze beruht auf ihren unterschiedlichen Inhaltsstoffen. Diese können sich ergänzen, ihre Wirkung verstärken oder allein durch ihr Vorhandensein für den Organismus schonend sein.
Die Kräuterkenntnisse wurden über Jahrtausende von Generation zu Generation weitergegeben. Heute sind sie Grundlage moderner Pflanzenheilkunde.

6. Stellt 10 Heilpflanzen zusammen. Ergänzt, welche Inhaltsstoffe sie besitzen und wie diese auf den Organismus wirken.
   Sprecht dazu mit Apothekern oder nutzt das Internet. Welche Aufbereitungsmethoden gibt es?

7. Bestimmt die abgebildeten Pflanzen und schreibt zu ihren Namen: Vorkommen, verwendete Teile, Aufbereitung und Anwendung.

Alle Gewürzpflanzen haben auch eine mehr oder weniger bekannte Heilwirkung. Das kommt u. a. auch daher, weil sie überwiegend frisch und grün geerntet und verzehrt werden. Beispielsweise führt Nahrung aus frischen Kräutern nicht nur zur Nervenkräftigung, sondern stärkt auch auf natürlichem Wege die Abwehrkräfte gegen Krankheiten.

Sebastian Kneipp gehörte zu den bekanntesten Naturheilkundlern in Deutschland. Nach ihm ist auch eine **Wasserkur,** die **Kneipp-Kur,** benannt. Nach jahrelangem Studium verschiedener Anwendungen und ihrer Wirkungen auf den Körper entwickelte er ein Konzept für eine gesunde Lebensführung. Dieses enthielt nicht nur Wasseranwendungen, sondern auch Ernährung, Bewegung und Einsatz von heimischen Heilpflanzen. Kneipp vertraute auf die Heilwirkung heimischer Heilpflanzen.

8. Bereitet einen Vortrag über das Leben und die Arbeit von Kneipp vor.
   Informiert euch dazu im Internet oder in Nachschlagewerken.

Projekt

Leben in der Pfütze

Wasser ist eine der wesentlichsten Voraussetzungen für das Leben auf der Erde. Es ist für alle Lebewesen unentbehrlich. Kein Lebewesen kann auf Dauer ohne Wasser auskommen. Für viele Organismen ist das Wasser von Gewässern zugleich Lebensraum, in dem sie aber nur dann gedeihen können, wenn das Wasser „sauber" ist.
Je nachdem wo man Wasser betrachtet, erscheint es trübe, milchig, kristallklar oder tiefblau. Egal, wie es aussieht, in kürzester Zeit entwickelt sich in diesem Wasser eine artenreiche und formenreiche Welt von **Mikroorganismen.** Mit bloßem Auge sind die winzigen Lebewesen kaum zu sehen. Sie sind nur wenig schwerer als Wasser und werden meist nur durch die Wasserströmung in Bewegung gesetzt. Man bezeichnet solche Kleinstlebewesen als **Plankton** (griech. = das Umhergetriebene).
Um diese Kleinstlebewesen zu beobachten, benötigt man ein Mikroskop. Außerdem müssen verschiedene Verfahren angewendet werden, um diese Kleinstlebewesen zu fangen.

1. Entnehmt nach der Anleitung auf der Abbildung (S. 139) Proben von verschiedenen Stellen eines Gewässers (nahe gelegener Tümpel, Teich, Pfütze). Gebt die Proben mit den gefangenen Organismen in Gläser. Diese dürfen nur mit 5 cm Wasser gefüllt sein, damit sich genügend Sauerstoff der Luft im Wasser lösen kann.

2. Entnehmt jeweils eine Wasserprobe und gebt sie auf einen Objektträger.
   a) Betrachtet die Probe mithilfe eines Mikroskops.
   b) Fertigt von jeder Probe mikroskopische Zeichnungen an.
   c) Versucht die Kleinstlebewesen, die ihr in der Proben erkennen könnt, mithilfe der Abbildungen zu bestimmen.
   d) Lasst die Kleinstlebewesen nach der Untersuchung wieder frei.

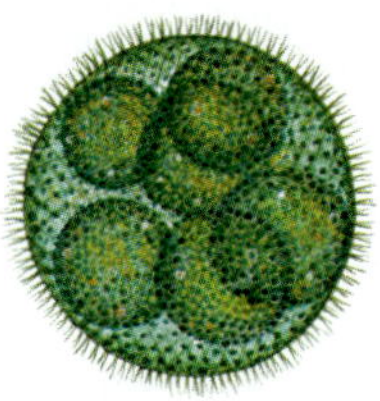

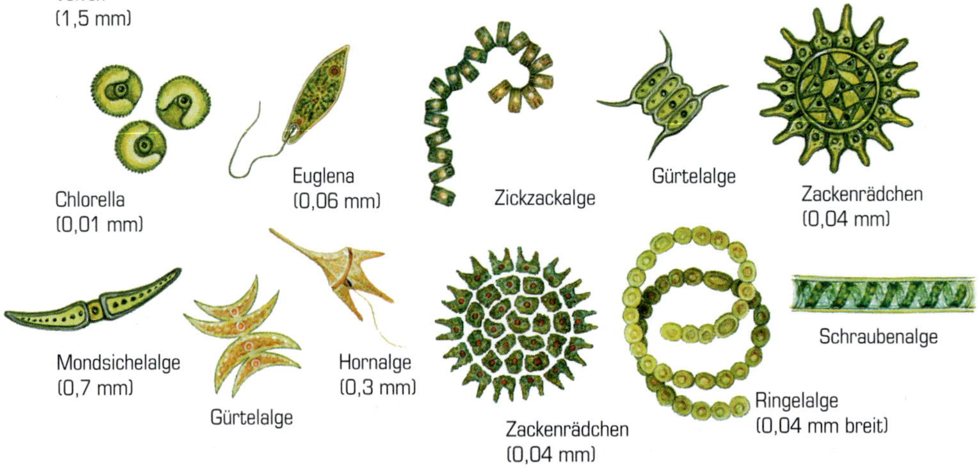

1 ▸ Beispiele für im Wasser lebende Pflanzen (pflanzliches Plankton)

W

Projekt

Abstreifen der Organismen von Steinen, Blättern, Stängeln mit einem Pinsel oder Gegenstand

Abkratzen festsitzender Organismen an Pfählen mit einem Pfahlkratzer

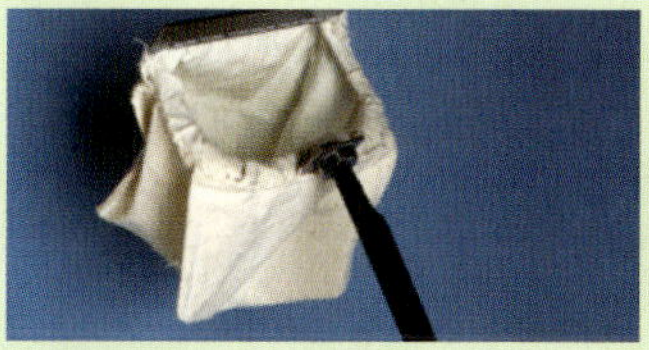

Fangen mit Planktonnetz

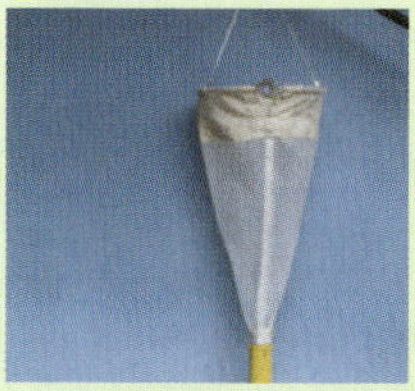

mehrmals mit dem Netz vorsichtig durch das Wasser streifen

Plankton aus dem Sammelbehälter in das Untersuchungsgefäß überführen

Sieben von Gewässerboden oder Schlamm

1 ▸ Verfahren zum Fangen von Kleinstlebewesen

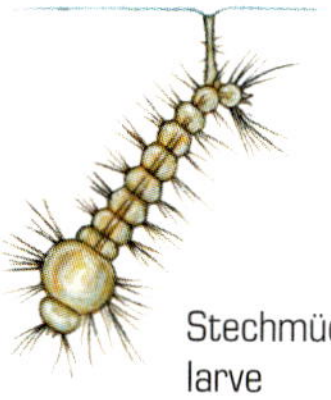

2 ▸ Beispiele für im Wasser lebende wirbellose Tiere unterschiedlicher Gruppen (tierisches Plankton)

Projekt

Besonders wichtig ist das **pflanzliche Plankton.** Denn es produziert mithilfe des Chlorophylls und unter Nutzung des Sonnenlichtes organische Stoffe (z. B. Traubenzucker) und Sauerstoff. Dadurch wird der Sauerstoffgehalt des Wassers reguliert. Der **Sauerstoff** im Wasser ist wichtig u. a. für die Atmung der Fische. Durch die Bildung von organischen Stoffen ist das pflanzliche Plankton Nahrungsquelle u. a. für Kleinkrebse und Jungfische.

3. Pflanzliches Plankton ist wichtig für alle anderen Lebewesen in einem Gewässer. Erläutert diese Aussage anhand von Beispielen. Nutzt dazu auch euer Wissen über Nahrungsbeziehungen.

4. Erläutert die Begriffe pflanzliches und tierisches Plankton.

Zum tierischen Plankton gehören u. a. das *Pantoffeltierchen*, die *Amöbe*, aber auch der *Wasserfloh* und der *Hüpferling*. Sie sind Nahrungsgrundlage für andere Wassertiere, z. B. Fische, Larven von Insekten.

5. Stellt einfache Nahrungsketten für die Lebewesen eines Gewässers auf. Beginnt mit einem Kleinstlebewesen aus pflanzlichem Plankton.

1 ▸ Beispiel für eine Nahrungskette in einem Gewässer

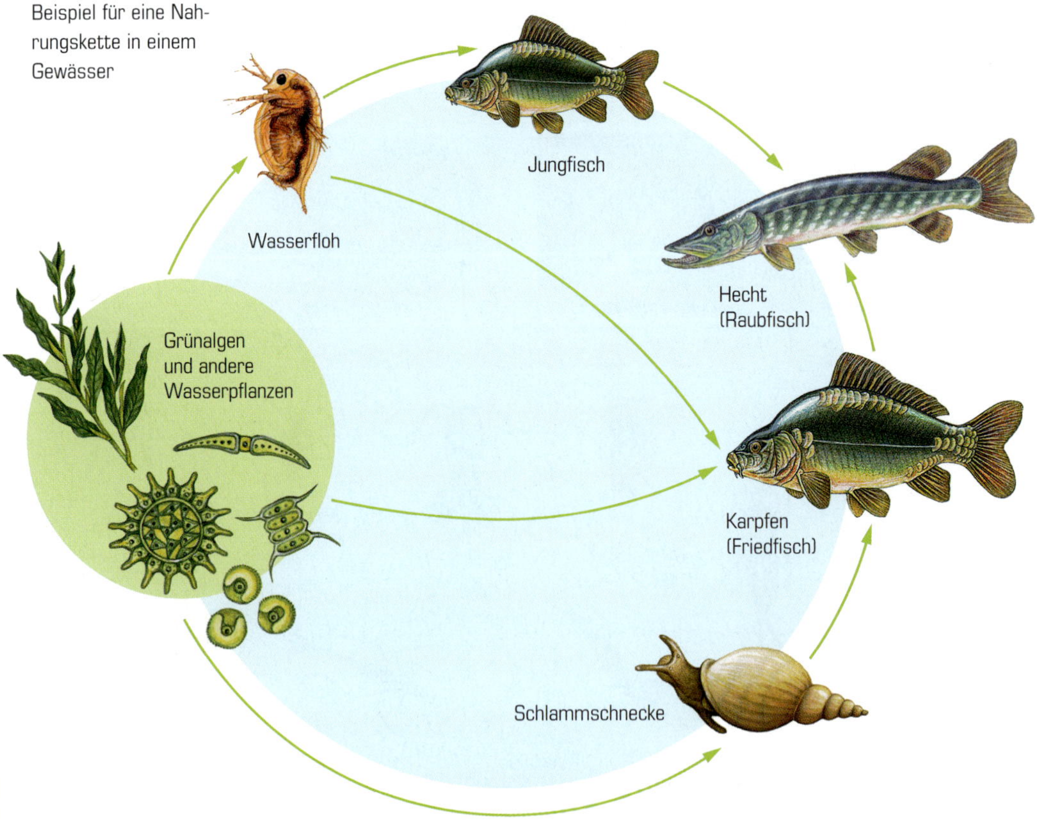

W

Projekt

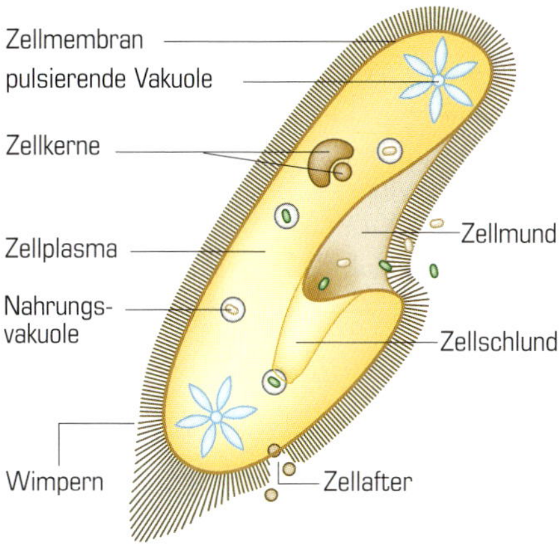

1 ▸ Pantoffeltierchen

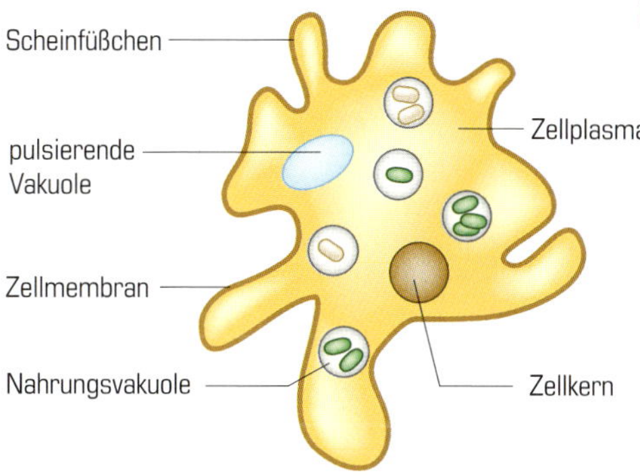

2 ▸ Amöbe

6. Im Wasser lebende Organismen (z. B. Algen, Unterwasserpflanzen, Fische, Krebstiere, tierisches Plankton) sind an die dort herrschenden Lebensbedingungen angepasst. Nennt 10 Organismen und deren spezifische Anpassung an das Leben im Wasser.
   Fertigt dazu eine Tabelle nach dem folgenden Schema an:

Organismenarten	**spezifische Anpassungen**

7. Öl ist gefährlich für das Wasser und die darin lebenden Organismen.
   a) Mischt (schütteln!) 1 Tropfen Öl mit 100 ml Wasser in einem Becherglas. Beobachtet, was geschieht.
   b) Warum ist Öl so gefährlich für Wassertiere (Abb. 3)?

3 ▸ Durch Öl verschmutzte Wasservögel

Alle Kleinstlebewesen haben eine wichtige Aufgabe in ihrem jeweiligen Lebensraum.
Der *Wasserfloh* verdankt seinen Namen z. B. seiner hüpfenden Fortbewegung durch das Wasser. Das kommt durch am Kopf ansetzende Ruderantennen zustande. Eigentlich ist er aber ein Kleinkrebs. Als Nahrung nimmt er mit seinen Filterbeinen feine Schwebstoffe des Wassers auf und reinigt es auf diese Weise.
Der *Wasserfloh* ist in seinem Lebensraum (Tümpel, Teich) Nahrung für andere Tiere.

8. Versucht von anderen Kleinstlebewesen einige interessante Dinge über Bau, Namensgebung, Nahrung und Bedeutung herauszubekommen. Nehmt Nachschlagewerke oder das Internet zur Hilfe.
   Tipp: Pantoffeltierchen

Fächerverbindendes Thema

Sehen – Orientieren – Reagieren

Unsere **Sinnesorgane** (Augen, Ohren, Geruchsorgan, Geschmacksorgan, Wärme- und Kältepunkte) ermöglichen uns eine Orientierung in der uns umgebenden Welt: Wir sehen, wo wir uns befinden. Geräusche und Sprache nehmen wir mit den Sinneszellen in den Ohren wahr. Gerüche können wir mit speziellen Zellen in der Nase erfassen. Mit den Geschmacksknospen auf der Zunge stellen wir verschiedene Geschmacksrichtungen fest. Spezielle Sinneszellen in der Haut sorgen dafür, dass wir warm und kalt unterscheiden können.

Das Temperaturempfinden verschiedener Personen ist unterschiedlich.

1. Mit **Sinneszellen in der Haut** empfinden wir eine bestimmte Lufttemperatur als angenehm oder als nicht angenehm.
   a) Worin besteht der Unterschied zwischen unserem Temperaturempfinden und der physikalischen Größe Temperatur?
   b) Im Wetterbericht wird manchmal neben der Temperatur auch die gefühlte Temperatur genannt. Erkundet, was man darunter versteht. Nutzt dazu das Internet, z. B. die Adresse **www.schuelerlexikon.de.**

2. Behinderungen von Menschen können dadurch zustande kommen, dass bei ihnen bestimmte Sinnesorgane nicht oder nicht richtig funktionieren.
   a) Stellt eine Übersicht zusammen, welche Behinderungen durch Ausfall von Sinnesorganen zustande kommen.
   b) Diskutiert darüber, wie man sich gegenüber einer Person mit einer solchen Behinderung verhalten sollte.

Ein wichtiges Sinnesorgan – das Auge

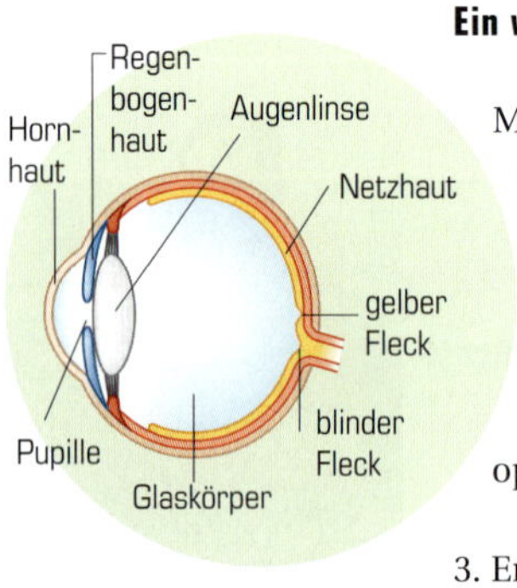

1 ▸
Schnitt durch das menschliche Auge

Mehr als 50 % der Informationen über unsere Umgebung nehmen wir mit den Augen auf. Wir erkennen, ob es hell oder dunkel ist, ob Gegenstände groß oder klein sind, wie weit Personen von uns entfernt sind, welche Farbe ihre Kleidung hat. Das menschliche Auge ist ein relativ kompliziert aufgebautes Organ, das sich gut unterschiedlichen Bedingungen anpassen kann. Wir betrachten nachfolgend genauer seinen Aufbau und untersuchen experimentell, wie optische Eindrücke entstehen.

3. Ermittelt die Farbe der Regenbogenhaut (Augenfarbe) von Mitschülern. Fertigt dazu eine Übersicht an.

4. Wie verändert sich die Größe der Pupille bei unterschiedlicher Beleuchtung? Was wird dadurch bewirkt?

5. Gegenstände oder Personen, die wir betrachten, befinden sich meist weit außerhalb der Brennweite des Auges (ca. 20 mm). Prüft experimentell oder durch eine Skizze, was für ein Bild in diesem Fall auf der Netzhaut entsteht und wie groß die Bildweite ist. Beschreibt dieses Bild.

W

Fächerverbindendes Thema

6. Untersucht an einem Augenmodell (s. Abb. 1), wie das Bild eines Gegenstandes im menschlichen Auge entsteht.

Die der Pupille gegenüberliegende Stelle der Netzhaut mit vielen Sehzellen wird wegen ihrer Farbe gelber Fleck genannt. Dagegen sind dort, wo der Sehnerv aus dem Auge austritt, überhaupt keine Sehzellen vorhanden. Man nennt diese Stelle deshalb den blinden Fleck (Abb. 2).

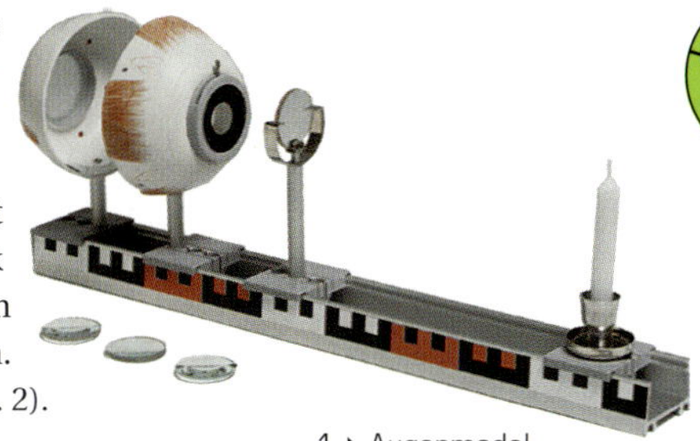

1 ▸ Augenmodel

7. Fixiert das Kreuz bei geschlossenem rechten Auge mit dem linken Auge. Verändert die Entfernung zwischen Auge und Kreuz.

Was könnt ihr beobachten? Erklärt eure Beobachtung.

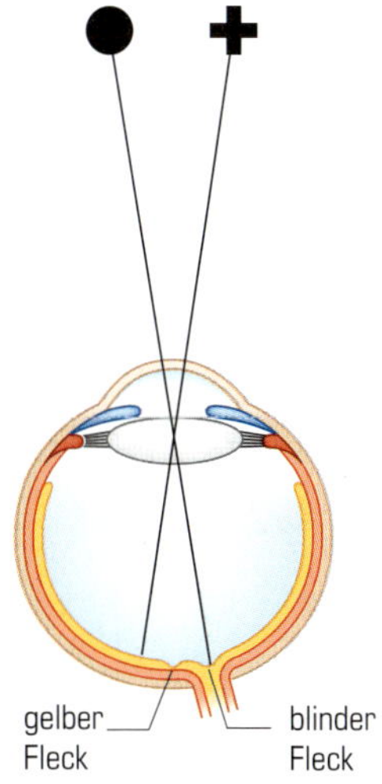

2 ▸ Lage von gelbem und blindem Fleck

Die Erregung wird von der Netzhaut zum Gehirn weitergeleitet und dort verarbeitet. Deshalb gilt: Sehen ist mehr als die optische Abbildung der Wirklichkeit auf der Netzhaut.

8. Betrachtet 10 s lang gemeinsam ein Bild. Beschreibt und vergleicht das Gesehene. Welche Folgerungen kann man daraus ableiten?

Wie groß ist unsere Sehschärfe?

Die Sehschärfe eines Menschen wird dadurch bestimmt, ob er zwei nahe beieinander stehende Punkte noch als getrennte Punkte wahrnehmen kann. Sie beträgt 100 %, wenn man aus einer Entfernung von 1 m zwei Punkte in einem Abstand von 0,2 mm noch unterscheiden kann oder wenn man aus 5 m Entfernung gerade noch eine 7 mm hohe Schrift erkennen kann.

9. Überprüft eure Sehschärfe (ohne Brille). Betrachtet dazu aus einer Entfernung von 3 m die rechts abgebildeten Figuren (Abb. 3).
Was könnt ihr noch erkennen? Wo treten bei euch Probleme auf?

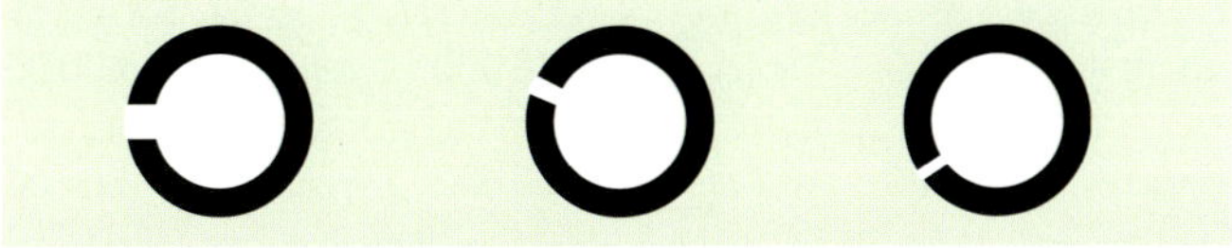

3 ▸ Mit solchen Figuren kann die Sehschärfe bestimmt werden.

10. Informiert euch darüber, was man unter Kurzsichtigkeit bzw. Weitsichtigkeit versteht. Nutzt dazu das Internet, insbesondere die Adresse **www.schuelerlexikon.de**.
Wie kann man Weitsichtigkeit bzw. Kurzsichtigkeit korrigieren?

Fächerverbindendes Thema

Was sehen Tiere? Wie sehen sie?

Die **optische Wahrnehmung** ist bei **Tieren** sehr unterschiedlich. Die meisten Tiere sehen ihre Umwelt nicht so, wie sie von uns wahrgenommen wird. Niedere Tiere wie Würmer können teilweise nur hell und dunkel unterscheiden. Manche Tiere sehen nur Schwarz-Weiß-Bilder. Tiefseefische nehmen nur blaues Licht wahr. Das ist eine Angepasstheit an ihre Lebensbedingungen, da in größeren Tiefen nur noch der blaue Anteil des Sonnenlichts vorhanden ist.

Ein Fuchs hat ein gutes räumliches Sehvermögen, da der Abstand seiner Augen recht groß ist.

Schmetterlinge sehen kein rotes Licht. Die unterschiedliche optische Wahrnehmung hängt mit dem Bau des Auges und der Angepasstheit der Tiere an ihre Lebensbedingungen zusammen.

11. Erkundet, welche Augenformen es im Tierreich gibt.

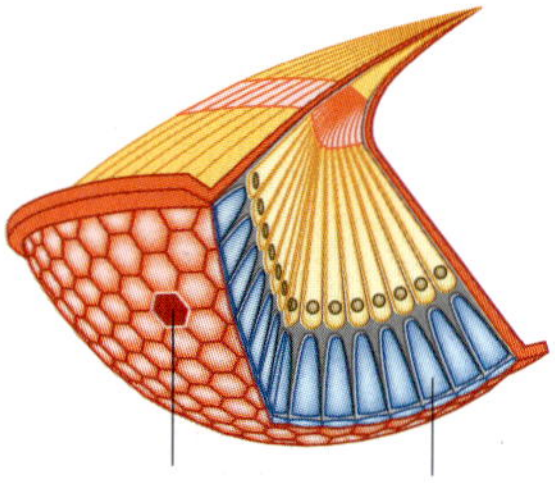

Bienen und andere Insekten können mit ihren Komplexaugen bis zu 250 Bilder je Sekunde wahrnehmen, Menschen weniger als 20 Bilder je Sekunde.

Insekten wie Bienen oder Fliegen verfügen über **Komplexaugen (Facettenaugen).** Diese bestehen aus keilförmigen Einzelaugen, die halbkugelförmig angeordnet sind (s. Abb. links).

Eine Libelle hat etwa 3 000 Einzelaugen, eine Stubenfliege ca. 4 000 Augen. Die maximale Anzahl der Einzelaugen von Insekten liegt bei etwa 28 000.

12. Beschreibt den Aufbau eines Komplexauges (s. Abb. links). Erkundet seine Wirkungsweise.

13. Was versteht man unter dem Sehfeld? Warum ist es bei Komplexaugen besonders groß?

Empfindlichkeit und Sehschärfe des Auges hängen von der Anzahl und den Besonderheiten der Sehzellen ab, die sich im Auge befinden.

Anzahl der Sehzellen auf 1 mm²					
Spinne	16 000	Huhn	260 000	Mensch	400 000
Frosch	95 000	Katze	395 000	Waldkauz	680 000

14. Wenn jemand besonders gut sieht, sagt man auch, er habe Adleraugen. Was ist das Besondere an Adleraugen?
Tipp: Schlagt in Fachbüchern nach oder sucht im Internet.

W

Fächerverbindendes Thema

Farbensehen und beidäugiges Sehen

Für das farbige Sehen sind die etwa 6 Millionen Zapfen verantwortlich. Davon gibt es drei Arten: die einen sind für rotes Licht am empfindlichsten, die anderen für blaues bzw. für grünes Licht. Wenn farbiges Licht auf die Zapfen fällt, so werden die lichtempfindlichen Zellen gereizt und diese Erregung an das Gehirn weitergeleitet. Es ergibt sich ein Farbeindruck, der sich aus den Grundfarben Rot, Grün und Blau zusammensetzt.

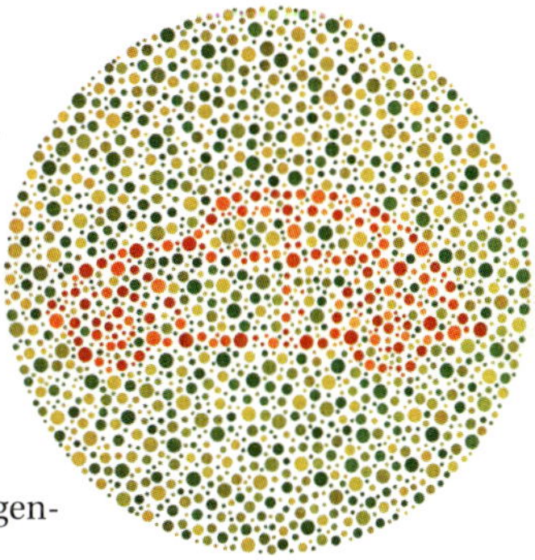

15. Zur Prüfung der Farbwahrnehmung nutzen Optiker oder Augenärzte spezielle Farbtafeln.
    a) Was ist auf der oben stehenden Farbtafel abgebildet?
    b) Begründet, warum man mit solchen Farbtafeln die Farbtüchtigkeit prüfen kann.

16. Eine Reihe von Menschen sind farbenblind. Das bedeutet aber nicht, dass sie keine Farben sehen. Meist tritt eine **Rot-Grün-Schwäche** auf, d. h., die Farben Rot und Grün können nicht unterschieden werden. Das ist bei männlichen Personen wesentlich häufiger der Fall als bei weiblichen.
    a) Wie könnte man eine solche Rot-Grün-Schwäche nachweisen? Fertigt eine dafür geeignete Farbtafel an.
    b) Begründet, warum auch eine Person mit Farbschwäche erkennen kann, ob eine Ampel rot oder grün leuchtet.

Beim Sehen mit beiden Augen entsteht in jedem Auge ein Netzhautbild. Trotzdem sehen wir nur ein Bild. Die von beiden Augen kommenden Sehnerven durchkreuzen sich und sind auch miteinander verbunden. Von räumlichen Gegenständen sind die Bilder, die auf der Netzhaut entstehen, etwas unterschiedlich. Dadurch entsteht im Gehirn ein räumlicher Eindruck.

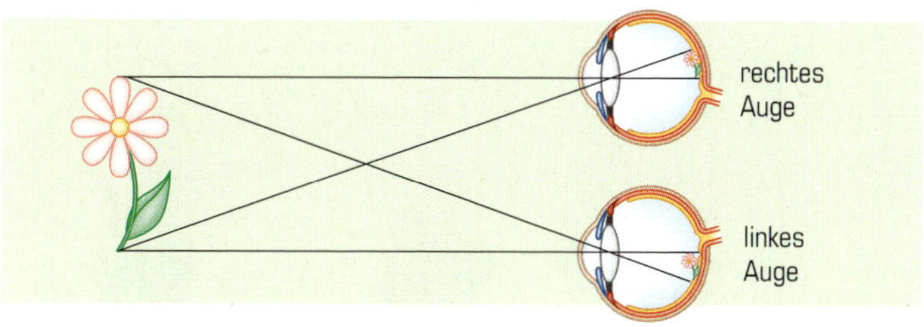

Die in beiden Augen entstehenden verschiedenen Bilder nehmen wir als ein räumliches Bild wahr.

17. Betrachtet verschieden weit entfernte Gegenstände erst nur mit dem linken und dann nur mit dem rechten Auge. Was könnt ihr feststellen?

18. Ihr sollt mit gestrecktem Arm Wasser aus einer Flasche in ein Glas gießen. Probiert es, wenn ein Auge geschlossen ist.
    Was könnt ihr feststellen?

Fächerverbindendes Thema

Optische Täuschungen

Manchmal glauben wir etwas zu sehen, was in Wirklichkeit anders ist, als wir es wahrnehmen. Solche „falschen“ optischen Eindrücke bezeichnet man als **optische Täuschungen.** Besonders häufig treten Richtungstäuschungen auf. Sie führen dazu, dass wir meinen,

- gerade oder parallele Linien seien nicht gerade oder parallel und
- regelmäßig geformte Figuren (Kreis, Quadrat) seien nicht regelmäßig.

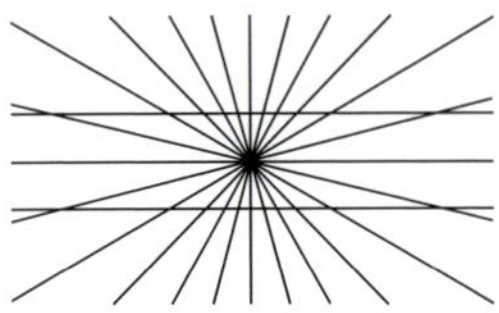

Sind die beiden waagerechten Linien gekrümmt oder gerade? Prüfe mit einem Lineal.

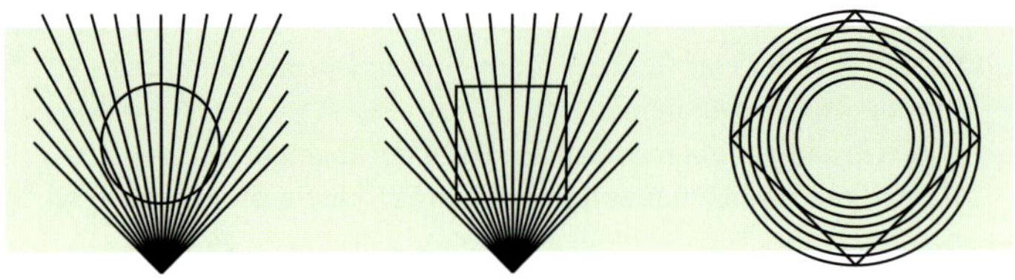

Ursache für solche Richtungstäuschungen sind meist weitere Linien, die in ihrer Gesamtheit einen falschen Eindruck bewirken.
Eine spezielle Art der Richtungstäuschung kommt dadurch zustande, dass wir einen Gegenstand immer in der Richtung sehen, aus der das Licht geradlinig herzukommen scheint (nebenstehende Abb).

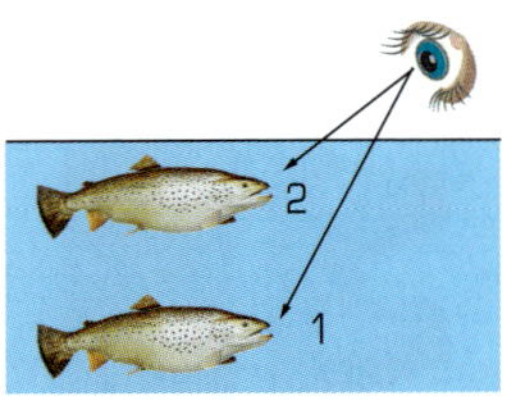

Wir sehen einen Fisch an der Stelle 2, von der das Licht geradlinig herzukommen scheint. Tatsächlich befindet er sich aber an Stelle 1.

19. Sucht weitere Beispiele für Richtungstäuschungen und diskutiert sie.

Nicht selten täuschen wir uns auch über die Größe von Personen und Gegenständen oder über die Länge von Strecken (s. Abb rechts.).

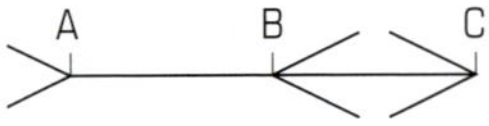

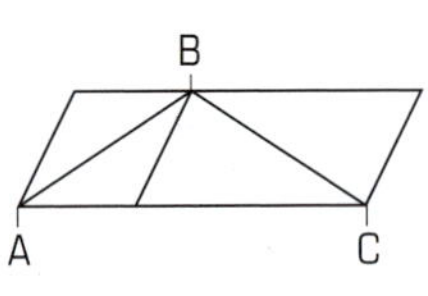

Sind die Strecken $\overline{AB}$ und $\overline{BC}$ gleich lang?

20. Vergleicht die Länge der Strecken $\overline{AB}$ und $\overline{BC}$.
    Zieht Schlussfolgerungen.

21. Erkundet, welche weiteren optischen Täuschungen es gibt. Nutzt dazu das Internet. Informationen findet man beispielsweise unter folgender Adresse **www.schuelerlexikon.de**.

Bildquellenverzeichnis

Agentur Photo- und Presseagentur GmbH, Hamburg: 111/4; aisa, Archivo iconográfico, Barcelona: 68/2; AKG Berlin: 69/2; T. Angermayer, Holzkirchen: 38/2, 38/4, 53/3, 78/4, 78/5, 79/1, 80/1, 87/2, 96/3, 98/1, 99/1, 110/1, 119/2, 120/3, 120/4, 126/3, 126/4, 129/1, 129/2, 130/3, 130/4, 131/2, 134/1, 135/1; Archiv LfUG, H. Rank, Dresden: 99/3; Archiv LfUG, J. Settele, Dresden: 99/4; Archiv LfUG, H. Voigt, Dresden: 99/2; Arttoday Royalty Free: 101/4; basf: 14/2; Bayer, Europapark, Fichtenhain: 75/2; Bibliographisches Institut & F. A. Brockhaus, Mannheim: 42/1, 53/4, 68/1, 69/1; A. Biedermann, Berlin: 43/5; Bildagentur Waldhäusl: 6/1; 21/2; Bildagentur Geduldi/archivberlin: 52/3; Bildarchiv Pflanzen: 7/1; blickwinkel, Hamburg/Fotograf: 88/1, 88/2, 96/2; blickwinkel/Meul: 90/1; S. Brezmann, Hamburg: 7/4, 18/5, 27/3, 35/3, 75/3; Prof. Dr. W. Bricks, Erfurt: 63/2; Corbis, London und Düsseldorf: 63/1; Corel Photos Inc.: 18/4, 38/3, 38/5, 39/4, 42/3, 49/1, 60/2, 64/1, 65/1, 79/3, 87/3, 120/2, 125/1, 127/1, 144/1; Danner GmbH, Kirchheim/Christian Link, Augsburg: 18/3; B. Dapprich, Amstetten, Österreich: 75/1; Duden Paetec GmbH, Berlin: 68/3, 106/3, 109/1, 109/2; Düngekalk Hauptgemeinschaft, Köln: 60/1; W. Eisenreich, Gilching: 19/3, 79/2, 80/2, 87/1; Florafoto, Langenhagen: 15/2; Floramedia: 36/2, 98/2, 106/2, 116/2, 144/2; T. Geisel, Paulinenaue: 30/1, 39/1–3, 61/1; Getty Images: 114/1; Greenpeace/Nodson: 141/1; C. Griesche, Mekkenheim: 58/2; Grömping, H.-W., Borken: 19/2; Dr. A. Hartmann, Braunschweig: 67/1; Hessen Touristik Service e.V., Wiesbaden: 26/1; Prof. Dr. F. Horn, Rostock: 18/1; 42/2, 43/2, 59/1; W. Klaeber, Rangsdorf: 48/2; M. Landesforstpräsidium Sachsen/Pirna/OT Graupa: 58/2; Lichtwer Unternehmensgruppe, Berlin: 7/5, 9/1, 136/2; Dr. G. Liesenberg: 24/1, 79/4, 96/1, 145/1; Mauritius images: 15/4, 19/1, 52/2, 65/2 u. 3, 101/3, 111/1; Dr. med. J. P. Müller/Okapia: 77/1; G. Müller: 44/1; Naturfotografie Frank Hecker: 37/1, 37/2, 43/3, 53/1u.2, 115/1, 131/3, 134/2; Photo Disc, Royalty Free Inc.: 40/1, 52/1, 57/2, 95/3, 111/3, 124/1; PHYWE Systeme, Göttingen: 66/1, 72/1, 73/1; picture-alliance/dpa, Frankfurt am Main: 69/3, 69/4,74/1; 80/4, 81/1, 133/1; picture-alliance/Okapia, Frankfurt am Main: 32/1, 52/2, 76/1, 101/3; W. Probst, Flensburg: 80/3, 130/1, 57/3, 136/1; B. Raum, Neuenhagen:21/1, 63/3; H. Reinhard/Okapia/picture-alliance, Frankfurt am Main: 26/1; C. Ruppin, Berlin: 27/1, 28/1; U. Sedlag, Eberswalde: 78/1, 101/2, 106/1; Silvestris Fotoservice, Kastl: 38/1, 109/4; Staatliche Landesbildstelle Südbayern, München: 18/2; H. Theuerkauf. Gotha: 7/3, 27/2, 43/1, 43/4, 50/1, 65/2, 68/4, 78/2, 78/3, 94/1, 94/2, 94/3, 95/1, 95/2, 97/2, 109/3, 111/2, 119/1, 126/2, 128/1, 131/1, 131/4, 144/3; K. G. Vock/Okapia: 128/2; J. Volmar, Schloss Holte-Stukenbrock: 57/1; WGV Verlagsdienstleistungen, Weinheim: 68/1; www.naturganznah.de/Deuerling: 35/1, 35/2, 36/1, 46/3;137/1-3; Prof. Dr. E. Zabel, Güstrow: 139/1, 139/2, 139/3, 139/4, 139/5, 139/6, 139/7; K.-H. Zeitler, München: 79/5, 120/2, 120/5, 130/2, 133/2, 133/3

Titelbild: Chorel Photos Inc.

Tätigkeiten im Biologieunterricht

Im Zusammenhang mit dem Erkennen bestimmter biologischer Zusammenhänge und Gesetzmäßigkeiten gibt es eine Reihe von Tätigkeiten, die immer wieder durchgeführt werden. Solche Tätigkeiten praktischer Art sind im Biologieunterricht u. a. das Sammeln bzw. Fangen von Organismen, Bestimmen von Organismen und Betrachten. Das Beschreiben, Vergleichen, Erläutern, Begründen und Klassifizieren sind Tätigkeiten geistiger Art.

Betrachten mit der Lupe

Mithilfe einer Lupe kann man Organismen bzw. deren Teile (z. B. Blüten des Apfelbaumes oder Mundwerkzeuge der Insekten) wesentlich größer sehen als mit bloßem Auge. Gebräuchlich sind Lupen, die ein 5- bis 15fach vergrößertes Bild des untersuchten Objektes zeigen.

Beobachten

Beim Beobachten werden mithilfe der Sinnesorgane oder anderer Hilfsmittel (Fernglas, Mikroskop) u. a. Eigenschaften und Merkmale von biologischen Erscheinungen (z. B. Vogelflug oder Mikroorganismen) ermittelt. Die beobachteten Objekte werden dabei nicht verändert.

Beschreiben

Beim Beschreiben wird mithilfe der Sprache dargestellt, wie ein Naturgegenstand beschaffen ist bzw. wie ein Naturvorgang abläuft. Dabei werden vor allem wichtige Merkmale herangezogen (z. B. Beschreiben des Fortpflanzungsverhaltens – Gesang und Balz – von Vögeln).

Vergleichen

Beim Vergleichen werden gemeinsame und unterschiedliche Merkmale von zwei oder mehreren Vergleichsobjekten (z. B. äußerer Körperbau von Fisch und Lurch, Blüten von Schmetterlings-, Kreuzblüten- und Lippenblütengewächsen) ermittelt und dargestellt.

Klassifizieren

Beim Klassifizieren werden verschiedene Objekte aufgrund gemeinsamer und unterschiedlicher Merkmale in Gruppen (z. B. Kriechtiere, Fische) eingeteilt. Alle Objekte, die bestimmte gemeinsame Merkmale besitzen (z. B. trockene Haut, Lungenatmung), werden zu einer Gruppe zusammengefasst. Dazu müssen die Objekte verglichen werden.

Bestimmen

Beim Bestimmen stellt man den Namen von einem unbekannten Lebewesen (z. B. Apfelbaum und Weißstorch) anhand charakteristischer Merkmale fest. Dazu nutzt man Abbildungen oder Bestimmungsschlüssel.

Der Wald als Lebensgemeinschaft

Die Lebensgemeinschaft ist eine Gemeinschaft von Lebewesen (u. a. Pilze, Pflanzen, Tiere), die sich aufgrund ähnlicher Lebensbedingungen in einem Lebensraum befinden, sich gegenseitig beeinflussen und voneinander abhängig sind.
In der Lebensgemeinschaft Wald beispielsweise zeigen sich die gegenseitige Beeinflussung und die Abhängigkeit von Lebewesen besonders deutlich an der Lebenserscheinung Ernährung.

Nahrungskette im Ökosystem Wald